中公文庫

# 暮しの数学

矢野健太郎

中央公論新社

# まえがき

この書物を手にしておられるみなさんの中には、現在、学校で算数や数学を習っておられる方も、既にもう社会へ出て活躍しておられる方もあると思います。しかしその中の何人かは、算数や数学の学習は学校でだけするものと考えておられる方ではないでしょうか。

もし、算数や数学を、学校の時間割にそういうものがあるから仕方なく勉強するのだという人があれば、それらの人たちは大へんな損をしておられると私は思います。学校で習う算数や数学は、実はわれわれの毎日のくらしのなかに生きているものです。われわれの毎日のくらしに生きていると同時に、われわれの毎日のくらしをとりまいている機械文明の中でも、精神文明の中でも、数学は縦横に活用されています。

この本は、そういった毎日のくらしの中で、算数や数学がどのように活用されているかということをわかっていただくために、私の思いつくいくつかの例をあげてみたものです。

たとえば、最初の「数のかぞえ方」は、算数と数学の基礎ともいうべき数のかぞえ方を、大きい数のかぞえ方、その日本流のかぞえ方、外国流のかぞえ方のちがい、また小さい数のかぞえ方を話題にしてみたものです。

つぎの「英語と数学」は、われわれの日常の会話にさえよく出てくる英語の単語のうち、数学と関係のあるものを集めてみたものです。

三番目の「絵のなかの幾何学」は、われわれがスケッチをしたり、また外国の名画を鑑賞したりする場合に、知っていたら興味が倍加するのではないかと思われる話題を集めてみたものです。

また、四番目の「計算されたドレミファ」は、われわれが口ずさむ歌の基礎になっている音階というものを、いささか数学的に、というよりはむしろ算数的にとり扱ってみたものです。

この調子で、くらしの中に出てくる数学の例を十二あげたのが本書なのですが、これらによって、なるほど、くらしのなかにも数学はたくさんあるのだなということを少しでもわかっていただければ、私のよろこびこれに過ぎるものはありません。

昭和三十七年七月

矢野健太郎

目次

挿画　松下紀久雄

# 暮しの数学

# 数のかぞえ方

## 日本の数のかぞえ方

みなさんは　1兆×1兆×1兆という数にはいくつ0がついていますか、ときかれたら、いったいどう計算しますか。まず一兆は

1兆＝1000000000000

ですが、一兆というような大きな数を表わすのに、このように0を並べて書くのは、あまりうまい方法とはいえません。1のあとに0が十二個ついている数は、10を十二

回掛け合わせたものですから

$$1兆 = 10^{12}$$

と書くのがうまい方法です。この書き方を使いますと

$$1兆 \times 1兆 = 10^{12} \times 10^{12} = 10^{24}$$

です。したがって

$$1兆 \times 1兆 \times 1兆 = 10^{12} \times 10^{12} \times 10^{12} = 10^{36}$$

となります。これは、一兆掛ける一兆掛ける一兆の答えは、1のあとに0が三十六個ついた数であることを示しています。

さてみなさんは、一、十、百、千、万、億、兆の上の位の名前をご存じでしょうか。1に0が36もついた数を読むには、兆の上、そのまた上、そのまた上……の位の名前を知らなければなりません。

これについては、いまから三百四十年ほど前、つまり徳川時代のはじめに、吉田光由という数学の先生が「塵劫記」という書物のなかでくわしくのべておられます。ちょっと吉田光由先生のお話を聞いてみましょう。

「拙者、吉田光由でござる。よいかな、これはいまから三百四十年前に拙者が考えた

問題じゃ、ようくおきき願いたい。

ここにケシ粒がある。ケシ粒といっても、いまの諸君にはすぐにはわかるまい。あんパンの上についている細かい粒、あれがケシ粒じゃ、さてこのケシ粒を、今日は一粒、明日は二粒、三日目は四粒、四日目は八粒……というように、倍増、倍増していったならば、四ヵ月目、つまり百二十日目には何粒になるか。これが問題じゃ、どうじゃね。

ナニ！　ちょっと計算をしてみないとわからない？　そうじゃろ、そうじゃろ。これは大へんな数になるんじゃ、諸君が計算するのを待っていたらいつになるかわからんから、拙者が答えを教えて進ぜよう。答えはこうじゃ、いまの数字で書くとこうなる。読んでみい。

6646　1399　7892　4579　3645　1903　5301　4017　2288

ナニ！　あまり大きすぎて読めん？　では拙者がこれを読んでごらんにいれよう。

六千六百四十六溝（こう）千三百九十九穣（じょう）七千八百九十二秭（じょ）四千五百七十九垓（がい）三千六百四十五京（けい）千九百零三兆五千三百零一億四千零十七万二千二百八十八

となる。

どうじゃ、おどろいたかな。ところがおどろくことはまだあるぞ、もしこれだけのケシ粒をマスに入れるとすれば、どんなマスがいると思うかな。

そのマスはなんと、縦、横、高さ二十五里あまり、いまでいえば六十キロメートルにもなる。

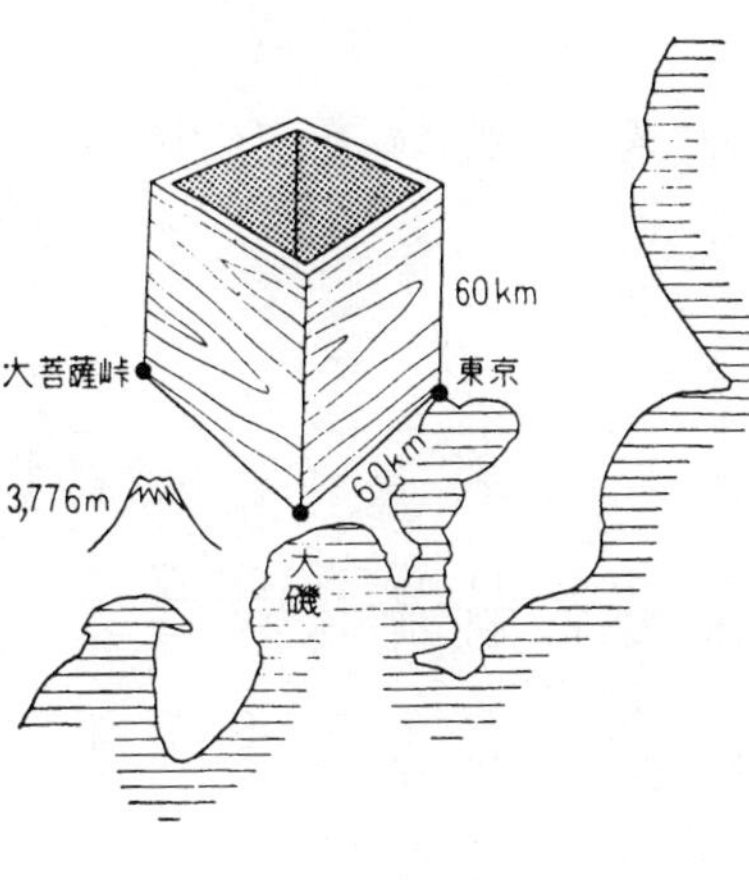


これをもし関東地方へおくと、こんな具合になる。
どうじゃな、おそろしいもんじゃろ。」
吉田光由先生の「塵劫記」には数の位の名前についてつぎのように書いてあります。

一　十　百　千　万　十万　百万　千万
億　十億　百億　千億　兆　十兆　百
兆　千兆

まではみなさんもご存じでしょうが、この調

子で、

京（けい）　十京　百京　千京
垓（がい）　十垓　百垓　千垓
秭（じょ）　十秭　百秭　千秭
穣（じょう）　十穣　百穣　千穣
溝（こう）　十溝　百溝　千溝
澗（かん）　十澗　百澗　千澗
正（せい）　十正　百正　千正
載（さい）　十載　百載　千載
極（ごく）　十極　百極　千極

とすすんで、それでも足りなければ

恒河沙（ごうがしゃ）　十恒河沙　百恒河沙　千恒河沙
阿僧祇（あそうぎ）　十阿僧祇　百阿僧祇　千阿僧祇
那由他（なゆた）　十那由他　百那由他　千那由他
不可思議（ふかしぎ）　十不可思議　百不可思議　千不可思議

無量大数（むりょうたいすう）

とすすんでいくというのです。

これらの数の位の名前は、おそらくお隣の中国の書物にあるものを採用したのでしょう。

なお、恒河沙というのは、恒河、つまりインドのガンジス河の沙（砂の意味です）の数くらい大きな数という意味だそうです。

そしてそれ以上大きな数の位の名前は、仏教のお経のなかの言葉からとったものだそうです。

これによりますと、最初に考えた一兆掛ける一兆掛ける一兆、つまり1のあとに0が三十六個ついた数は一澗ということになります。

このように、わたくしたちの数のかぞえ方は、一、十、百、千、万のつぎは億、兆、京……と、四桁ごとに新しい名をつけていくかぞえ方ですから、大きな数を読むときは四桁ごとにコンマをうっておくと便利なわけです。

たとえば上の数は、昭和三十六年十月の日銀券発行高ですが、このように

1,1500,0000,0000円

四桁区切りにしておきますと、右から最初のコンマのところが万の位、つぎのコンマのところが億の位、そのつぎのコンマのところが兆の位ですから、これをすぐ一兆千五百億と読むことができるわけです。

しかし、いま学校では、みなさんは、このように大きな数を読むときには、三桁区切りにして、三桁目、三桁目ごとにコンマをうって上のようにし、右から最初のコンマは千の位、つぎのコンマは百万の位、つぎのコンマは十億の位、そのまたつぎのコンマは一兆の位……を表わすと覚えておいて、これ

1,150,000,000,000円

を一兆千五百億と読むと習っておられることでしょう。

それでは、わたくしたちの数のかぞえ方では、大きな数を読むときには、四桁区切りにすればとても便利なことがよくわかっているのに、なぜ、わざわざわかりにくい三桁区切りを使うのでしょうか。

それは、この四桁目、四桁目に新しい位の名前をつけて数をかぞえていくのは、お隣の中国と日本のやり方ですが、ヨーロッパやアメリカでは、三桁目、三桁目に新しい名前をつけながら数をかぞえるという方法を使っているからなのです。

数の話を日本や東洋のなかだけでしているのならよいのですが、日本はもはや、東

洋の小さな国ではありません。日本は、世界の人たちと立派におつきあいのできる立派な文化国家です。

ですからわたくしたちは、わたくしたちの書く数が、三桁目、三桁目に新しい名前をつける外国の人にもすぐ読めるように、数を三桁区切りに書いてあげるわけです。また外国の人の書いた数がわたくしたちにすぐわかるように、わたくしたちもこの三桁区切りになれておこうというわけです。

現在では、世界中のどこで発行される数表のなかでも、数は三桁目、三桁目に区切ってあります。

## 外国の数のかぞえ方

それでは、外国では大きな数をどのようにかぞえているでしょうか。英語を例にとってお話してみましょう。

1　one　10　ten　100　hundred

そのつぎが

1,000　thousand
10,000　ten thousand
100,000　hundred thousand

であることは、どなたもよくご存じでしょう。そのつぎは

1,000,000　million
10,000,000　ten million
100,000,000　hundred million

とすすんでいきます。英語の

millenary
（千年の）

milligramme
（1グラムの千分の一）

millilitre
（1リットルの千分の一）

millimeter
（1メートルの千分の一）

などの言葉から容易に想像されますように、ミルという字は、英語で千を意味しています。

そして、ここに出てきたミリオンという字は、実は大きなミル、つまりミルのミル倍、さらにいい直しますと、千の千倍、つまり百万のことであるわけです。

いま、ミリオンという字を英語の字引きでひいてみますと、百万、イギリスでは百万ポンド、アメリカでは百万ドル、フランスでは百万フランという訳のほかに、無数という訳も出ています。

さらにザ・ミリオンといえば、それは、万民、大衆のことを意味します。したがって

Mathematics for the million

つまり百万人の数学といえば、それは大衆の数学という意味です。さて、

| | |
|---|---|
| 1,000,000 | million |
| 10,000,000 | ten million |
| 100,000,000 | hundred million |

までは、アメリカ、フランス、イギリス、ドイツ、みんな同じ調子なのですが、ここから先は、なんと、アメリカとフランス、イギリスとドイツでは、数のかぞえ方がちがうのです。

まず、アメリカとフランス流の数のかぞえ方のほうからお話してみましょう。アメリカとフランスでは、ここまですすんできて、そのつぎは、

1,000,000,000　billion
10,000,000,000　ten billion
100,000,000,000　hundred billion

とすすんでいきます。このビリオンは、日本流にいえば十億です。

英語の

bicycle（自転車）
bifold（二重の）
binary（二の）
binocle（双眼鏡）
binomial（二項の）
biped（両足の）
biplane（複葉飛行機）
bipolar（二極の）
bivalent（二価の）
biweekly（二週一回の）

などの言葉から容易に想像されますように、ビまたはバイという言葉は、英語で2を意味しています。したがってビリオンというのは、二番目に大きなミル、ミルのミル倍のミル倍という意味です。

そのつぎは、

1,000,000,000,000　trillion
10,000,000,000,000　ten trillion
100,000,000,000,000　hundred trillion

とすすんでいきます。このトリリオンというのは、日本流にいいますと、一兆です。

ここで、英語の

triangle（三角形）
tricentenary（三百年の）
trichord（三絃の）
tricolor（三色の）
tricycle（三輪車）
trinity（三位一体）
trisyllabic（三綴の）
triweekly（三週一回の）

などの言葉から容易に想像されますように、トリまたはトライという言葉は、英語では3を意味しています。したがって、トリリオンというのは、三番目に大きなミル、つまりミルのミル倍のミル倍のミル倍という意味です。

アメリカとフランスでは、数をかぞえるのにどうすすんでいくかは、もう大たいおわかりになったでしょう。つまり、サウザンドから先は、千倍、千倍となるごとに新しい名前をつけていくという方法で大きな数をかぞえていくわけです。

サウザンド、その千倍がミリオン、ミリオンの千倍がビリオン、ビリオンの千倍がトリリオンですが、それから先の位の名前を、0の数を10の肩へ書くという、最初に申し上げた書き方で書いてみますとつぎのとおりです。

| | |
|---|---|
| 1 | one |
| $10^3$ | thousand |
| $10^6$ | million |
| $10^9$ | billion |
| $10^{12}$ | trillion |
| $10^{15}$ | quadrillion |
| $10^{18}$ | quintillion |
| $10^{21}$ | sextillion |
| $10^{24}$ | septillion |
| $10^{27}$ | octillion |

さて、いままでお話してきましたのは、アメリカとフランスでの数のかぞえ方です。

前にも申し上げましたように、ミリオンまではアメリカとフランス、イギリスとドイツはいずれも同じかぞえ方をしますが、ここから先が、アメリカとフランス、イギリスとドイツではちがうのです。つぎに、ミリオンから先の、イギリスとドイツ流の数のかぞえ方をお話しましょう。

イギリスとドイツでは、ミリオンから先を

| | |
|---|---|
| 1,000,000 | million |
| 10,000,000 | ten million |
| 100,000,000 | hundred million |
| 1,000,000,000 | thousand million |
| 10,000,000,000 | ten thousand million |
| 100,000,000,000 | hundred thousand million |

とすすみ、そのつぎにはじめて

billion

といいます。したがって、ビリオンは1に0が12ついた数で、この場合一兆です。そ

のつぎは

1,000,000,000,000　billion
10,000,000,000,000　ten billion
100,000,000,000,000　hundred billion
1,000,000,000,000,000　thousand billion
10,000,000,000,000,000　ten thousand billion
100,000,000,000,000,000　hundred thousand billion

とすすんで、そのつぎに

trillion

といいます。ですからトリリオンは、1に0が18ついた数で百京です。

　この調子ですすんでいくわけなのですが、みなさん、アメリカ・フランス流の数のかぞえ方と、イギリス・ドイツ流の数のかぞえ方のちがいがおわかりになったでしょうか。このちがいを表にしておきましょう。（編集部注――かつてはアメリカ流＝short scale、イギリス流＝long scale だったが、今日ではイギリスも一般的に short scale を用い、フランスは逆に

long scale に移行している)

| | イギリス<br>ドイツ | アメリカ<br>フランス |
|---|---|---|
| billion | $10^{12}$ | $10^{9}$ |
| trillion | $10^{18}$ | $10^{12}$ |
| quadrillion | $10^{24}$ | $10^{15}$ |
| quintillion | $10^{30}$ | $10^{18}$ |
| sextillion | $10^{36}$ | $10^{21}$ |
| septillion | $10^{42}$ | $10^{24}$ |
| octillion | $10^{48}$ | $10^{27}$ |

さて、大きな数を表わすのに、このように10の肩へ0の数を書くのはとても便利な方法です。たとえば、光の速度は、一秒間に、3に0が10ついたセンチメートルなのですが、それを

$3\times10^{10}$ cm/sec

と書いておけばとても便利ですし、覚えるのにも覚えやすいと思います。

## 小さい数のかぞえ方

これと全く同じように、小数を表わすには、10の肩へマイナスの数を書いて

$0.1=\frac{1}{10}=10^{-1}$　　$0.01=\frac{1}{100}=10^{-2}$

$0.001=\frac{1}{1000}=10^{-3}$　　$0.0001=\frac{1}{10000}=10^{-4}$

とするととても便利です。したがって

一分は　10のマイナス１乗
一厘は　10のマイナス２乗
一毛は　10のマイナス３乗
……

というわけです。

さあそうしますと、分、厘、毛の先は何という名前かという質問がでそうですが、

これも最初に申し上げた吉田光由の「塵劫記」にこう出ています。

| | | |
|---|---|---|
| 分 | （ふん） | 0.1 |
| 厘 | （り） | 0.01 |
| 毫 | （ごう） | 0.001 |
| 絲 | （し） | 0.0001 |
| 忽 | （こつ） | 0.00001 |
| 微 | （び） | 0.000001 |
| 繊 | （せん） | 0.0000001 |
| 沙 | （しゃ） | 0.00000001 |
| 塵 | （じん） | 0.000000001 |
| 埃 | （あい） | 0.0000000001 |

ここに厘（り）というのは、のちに「りん」と読むようになりました。また毫はのちに略字の毛を使うようになり、したがって「もう」と読むようになりました。いずれも、小さな物の名前からとったもののようです。

お隣の中国では、この埃よりももっと小さな小数の名前があり、わが国でもこの「塵劫記」より新しい本にはそれらがのせられているのですが、実際には使われなかったようです。

さて右にあげましたのは、小数の単位の名前をあげたのでありまして、これを歩合の単位とまちがえてはいけません。関係は

| 分数 | 1 | $\frac{1}{10}$ | $\frac{1}{100}$ | $\frac{1}{1000}$ | $\frac{1}{10000}$ |
|---|---|---|---|---|---|
| 小数 | 1 | 1分 | 1厘 | 1毛 | 1糸 |
| 歩合 | 10割 | 1割 | 1分 | 1厘 | 1毛 |
| パーセント | 100% | 10% | 1% | 0.1% | 0.01% |

ですから、まちがわないようにしましょう。

## 十進法ではないかぞえ方

いままでお話してきたわたくしたちの数のかぞえ方は、十集まるたびに一つずつ位を進めていく数のかぞえ方ですので、十進法とよばれていることはご存じでしょう。

わたくしたちの生活のなかに出てくる数のかぞえ方がみんなこの十進法ですと、そ

れは大へん便利なのですが、あいにくと、わたくしたちの生活のなかには、この十進法でない数のかぞえ方があります。

まず時間のかぞえ方がこの十進法ではありません。一年が三百六十五日、一日が二十四時間、一時間が六十分、一分が六十秒、というのは、十進法ではない、とても複雑なかぞえ方です。

それからもう一つ、一まわりが四直角、一直角が九十度、一度が六十分、一分が六十秒というのも、十進法ではなく、やはりめんどうなかぞえ方です。

ところでみなさんは、これらの時間と角度のかぞえ方のなかでは、60になると一まとめにするという考え方が一部に使われていることにお気づきでしょう。それではこの60という数はいったいどこからきたのでしょうか。みなさんは、西洋の数学がエジプトとバビロニアに始まったことをご存じでしょうが、そのバビロニアの記録につぎのような表があるのです。

1 × 1 =1
2 × 2 =4
3 × 3 =9
4 × 4 =16
5 × 5 =25
6 × 6 =36
7 × 7 =49
8 × 8 =1•4
9 × 9 =1•21
10×10=1•40
11×11=2•1
……………

この表で、7掛ける7まではわれわれの常識どおりですが、8掛ける8が1と4というのはちょっとへんです。これは1を60と考えなければ意味が通じません。そのつぎの9掛ける9が1と21、10掛ける10が1と40というのも、この1を60と考えるとよく意味が通じます。

さてそのつぎの11掛ける11が2と1というのもへんです。これは2というのを60が二つと考えないと意味が通じません。

こんなわけで、昔のバビロニア人たちは、わたくしたちの使っている十進法のほかに、60になるとそれで一まとめと考える六十進法も使っていたと思われるのです。

ではバビロニアの人たちは、60になると一まとめと考えるという変わった考えをどこからもってきたのでしょう。

これについてはいろいろな想像がされておりますが、わたくしはつぎのように想像しています。それは、バビロニアの昔の建物の壁などによくみかける、上のような図をもとにした想像なのです。

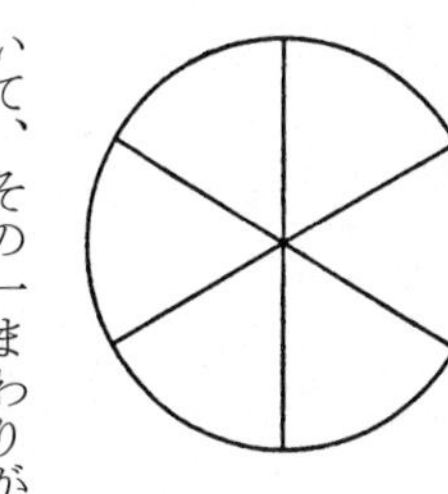

まず、バビロニアの人たちは、一年をおよそ三百六十日と考えていました。そこでバビロニアの人たちは、一つの円周を書いて、その一まわりが一年、すなわち三百六十日を表わすと考えました。

ところがバビロニアの人たちは、前の壁画から想像されますように、コンパスでくるりと円を書き、つぎに、そのコンパスの開きで円周をつぎつぎと切っていきますと、ちょうど六回目にもとへもどることを知っていたものと思われます。するとその一つは、三百六十の六分の一ですから、60にあたります。

バビロニアの人たちは、この図が大へん気にいっており、したがって、その一区画に大せつな意味を与えたので、この60という数を大せつな数と思うようになり、したがって、この60で一まとめにするという考えが浮かんできたのであろう、というのがわたくしの想像です。

## その他のかぞえ方

しかし、わたくしたちは、いまではもうほとんどの場合に、10になると位を進める十進法を使っています。

それでは、この十進法はいったいどこからきたのでしょう。これが、われわれの両手についている十本の指からきていることは申し上げるまでもありますまい。

では、この十進法というのは、果たして一番便利な数のかぞえ方であるということができるでしょうか。

フランスの大数学者ラグランジュは、この十進法では、たとえば

$$0.36 \text{ は } \frac{36}{100} \quad \frac{18}{50} \quad \frac{9}{25}$$

など、いろいろな分数の形に書かれてしまう。これは10という数が、2と5という約数をもっているからである。

このあいまいさをなくすためには、10に近い素数、たとえば11、または13をとって、十一進法または十三進法を使うのがよいであろうといっています。

ところが他方、フランスの博物学者ビュフォンは、10は2と5という二つの約数しかもっていない。したがって、10を2で割るときはよいが、3で割るとき、4で割るときには、端数が出て不便である。

したがって、10に近くて、もっと多くの約数をもつ12を採用して、十二進法にするのが便利であろうといっています。12ですと、2でも3でも4でも6でも割り切れて、たしかに便利です。

現に、十二集まると一ダース、十二ダース集まると一グロス、十二グロス集まると一グレート・グロス、というかぞえ方は、この十二進法といえます。

こう考えてきますと、十進法をわれわれが使う理由は、われわれの両手に十本の指がついていたということ以外には、たいした理由はなさそうです。

事実、10は素数ではありませんし、約数の数が多いともいえません。ですからダンツィクという先生は、

「人間の手足に十本ずつの指をつけた神様は、実は貧弱な数学者であったことを認め

ざるを得ない。」

とひどいことをいっています。しかし、そうかといって、いまさら十進法を捨てて、他の十一進法や十二進法を採用するというわけにもいかないでしょう。

さて、つぎは「英語と数学」というお話にうつりたいのですが、その前に、みなさんにつぎの問題を考えていただきたいと思います。

つぎに書いてある言葉は音楽の言葉で、何人かの人の合唱、または合奏を意味するものです。何人の人の合唱、または合奏であるかを当てていただきたいのです。

ソロ（solo）

トリオ（trio）

クインテット（quintette）

デュエット（duet）

カルテット（quartet）

# 英語と数学

## 英語の数

まず、前の章の終りにあげた音楽の言葉からお話を始めましょう。

solo

というのは、音楽の言葉としては、独奏とか独唱ということです。現に、英語に

sole
（ただ一つの）

sole trade
（個人営業）

sole responsibility
（単独責任）

sole right
（独占権）

solitary
（ただ一つの）

solitude
（孤独）

solo flight
（単独飛行）

solist
（独奏者，独唱者）

などの言葉がありますが、ソル、ソリなどは、ただ一つの、という意味をもっているわけです。つぎに

duet

というのは duett、または duetto とも書きますが、これは二部合奏または二部合唱、つまり二人の人が演奏する、または歌うことを意味しています。なお

duo

というのも、二重奏または二重唱という意味ですが、この字のほうは漫才の二人組という意味もあります。これも

dual　（二重の）
dual control　（共同管轄）
dual personality　（二重人格）
duel　（決闘）
artillery duel　（砲戦）
duple　（倍の）
duplicate　（二倍の）

などから、デューという接頭詞が2という意味をもつことが想像されるでしょう。

つぎに

trio

は、三重奏、または三重唱という意味です。

このトリという言葉が、3を意味するものであることは、この前の数のかぞえ方のところでも申し上げました。

つぎに

quartet

は quartette とも書きますが、これは四重奏、または四重唱のことです。これも

quartan
（第四の）
quartan fever
（四日熱）
quarterly
（年四回発行の）
quarto
（四折判の）

などの言葉からわかりますように、クォートという字が4を意味していることから想像がつくでしょう。最後の

quintette

は、五重奏、または五重唱のことです。これも

quinary
（五の）
quincentenary
（五百の）
quint
（第五度音程）
quintan
（五日熱）
quintuple
（五重の）

などの字から、クィントが5を意味することは容易に想像されるでしょう。

このように、英語の単語には、数を意味する接頭語のついていることがよくあります。しかもそれが、みなさんよくご存じのワン、ツー、スリー、…というのではなく、ちょっと変わった接頭語がついていることが多いのです。ですから、それらの意味を知っていないと、まごつくことがあります。以下に、1から順に、そのような接頭語をあげてみましょう。

まず1を意味する

mono

という接頭語があります。例をあげてみましょうか。

monochord（一絃琴）
monochromatic（一色の）
monocle（片眼鏡）
monodrama（一人芝居）
monologue（独白）
monoplane（単葉飛行機）
monopoly（専売）
monorail（単軌条）
monotony（単調）

など、みんなモノがついていますが、いずれも一つのという意味です。なお

sol

が、ただ一つという意味の接頭語であることはもう申し上げました。

もう一つ1という意味の接頭語に uni というのがあります。これも例をあげてみましょう。

unicameral（一院の）
unicellular（単細胞の）
unicorn（一角獣）
unicycle（単輪自転車）
unifoliate（単葉の）
uniform（一様な）
uniped（一足の）
unit（一個）
unity（単一）

さて、bi と du が2を意味する接頭語で、tri が3を意味する接頭語であることと、それらの例についてはもう申し上げました。

ついで quart が4を意味する接頭語であることももう申し上げましたが、これと非常によく似た

quadr

というのも4を意味しています。両方の例をあげてみましょう。

quadragenarian
（四十歳の）
quadrangle
（四角形）
quadrant
（四分円，象限）
quadrilateral
（四辺形）
quadrinomial
（四項の）
quadriplane
（四葉飛行機）
quadruped
（四足獣）
quadruple
（四倍の）
quadrupet
（四つ児）
quadruplicate
（四倍の）
quarter
（四分の一）
quatercentenary
（四百年祭）
quaternary
（四つの）
quaternion
（四）
quatre
（四）
quatrefoil
（四葉飾り）

このなかでおそらく一番よく使われるのは、四分の一を意味する quarter でしょう。たとえば、時間の話をしているときに、ア・コーターといえば、それは一時間、つまり六十分の四分の一で十五分のことです。

また長さの話をしているときにア・コーターといえば、それは一ヤードの四分の一、または一ヒロの四分の一のことです。

またアメリカでお金の話をしているときにコーターといえば、それは一ドル、つまり百セントの四分の一、二十五セントの意味です。また、このコーターが二十五セントの銀貨を意味することもあります。

さらにまた音楽の話をしているときにコーターといえば、それは全音符の四分の一で、四分音符のことです。

またみなさんは、アメリカン・フットボールをご存じでしょうが、アメリカン・フットボールでは、一番うしろにフル・バックがいます。その前半分のところにハーフ・バックがいます。そしてその四分の一前のところにいるのが、コーター・バックというわけです。

さてquintという字が5を意味することはもうお話ししましたが、5を意味する接頭語には、もう一つpentaというのがあります。例をあげてみましょう。

pentachord（五絃琴）
pentacle（星形五角形）
pentad（五つ一組）
pentagon（五角形）
pentagram（＝pentacle）
pentahedron（五面体）
pentastyle（五柱式）
pentasyllable（五綴の）
pentathlon（五種競技）

この星形五角形というのは次ページのような五角形のことですが、正五角形の書き方をはじめて発見したピタゴラス学派の人たちは、その学派のシンボルとしてこの形を採用していたといわれています。

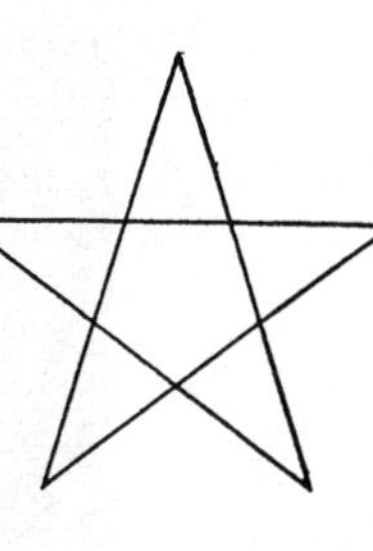

また中世になりますと、これは魔よけのお守りとして使われていました。

また、ペンタゴンといえば五角形のことなのですが、ペンタゴンという言葉は、五角形の形をした建物を意味することがあります。

アメリカの陸軍省の建物は五角形の形をしていますので、ペンタゴンといえば、この建物をさし、さらには陸軍省そのものをさしていることもあります。日本でいえば北海道の函館の五稜郭はペンタゴンです。

この調子で、英語には、さらに6から10までを意味する

6　hexa,sex
7　sept
8　oct
9　nov
10　dec

という接頭語があります。これらの例を順にあげてみましょう。まずヘクサという接

アメリカ陸軍省（ペンタゴン）

五稜郭

頭語のついた例には

hexachord（六絃琴）
hexagon（六角形）
hexagram（星形六角形）
hexahedron（六面体）
hexapod（六足虫, 昆虫）
hexastyle（六柱式）

などがあります。また同じく6を意味する接頭語のセックスのついた例には

sexangle（六角形）
sexcentenary（六百年祭）
sexfoil（六葉飾り）
sextan fever（六日熱）
sextant（六分儀）
sextet（六重奏，六重唱）
sextuple（六倍の）
sextuplet（六つ子）

などがあります。7を意味するつぎのセプトには

septan fever（七日熱）
septangle（七角形）
septenary（七つの）
septet（七重奏，七重唱）
septfoil（七葉形）
septuple（七倍の）

などがあります。8を意味するつぎのオクトにも例はたくさんあります。非常によく出てくる例だけをあげてみても

octagon
（八角形）

octahedron
（八面体）

octant
（八分儀）

octastyle
（八柱式）

octave
（オクターブ）

octet
（八重奏，八重唱）

octopus
（タコ）

octuple
（八倍の）

などがあります。このうちたとえばオクトパスなどは、足が八本でタコ、と覚えておけばよいわけです。

9を意味するつぎのノブの例はあまりありませんが

novena
（九日間の祈とう）

novennial
（九年目ごとに起こる）

などがあります。

10を意味する最後のデクの例はたくさんあります。

decade（十年）
decagon（十辺形）
decagram（10グラム）
decahedron（十面体）
decalogue（十戒）
decameter（10メートル）
decastyle（十柱式）
decathlon（十種競技）
decigram（10分の1グラム）
decilitre（10分の1リットル）
decimal（十進法の）
decimal fraction（小数）
decimal point（小数点）
decimal system（十進法）
decimeter（10分の1メートル）

さて、ここまでお話が進んでまいりますと、みなさんは、いままでにみなさんが習われた英語の月の名前のなかに、これらの接頭語が使われているのにきっとお気づきでしょう。

## 月の名前

英語で、一月から十二月までの月の名前はつぎのとおりです。

1月　January
2月　February
3月　March
4月　April
5月　May
6月　June
7月　July
8月　August
9月　September
10月　October
11月　November
12月　December

このうち

9月　September
10月　October
11月　November
12月　December

には、いままでにお話しした接頭語がついています。しかしすぐ気づくことは、セプトは7なのにセプテンバーは九月、オクトは8なのにオクトバーは十月、ノブは9なのにノベンバーは十一月、デクは10なのにデッセンバーは十二月と、数が二つずれていることです。これはなぜでしょう。

これを解く鍵は、その前の

7月　July　　8月　August

を調べてみることにあります。

いまためしに英語の字引きをひいてみましょう。

July, 7月（Julius Caesar の生月）

とあります。つまり、いままでの暦に、ジュリアス・シーザーの誕生を記念する月を一つわりこませてしまったわけです。

つぎにオーガストというのを字引きでひいてみますと

August, 8月（最初のローマ皇帝 Augustus Caesar の名から）

とあります。つまり、フランス、スペイン、トルコ、エジプトまでを含むローマ帝国をきずいたオーガスタス・シーザーの名を記念するために、この月がまたわりこんでしまったわけです。

こんなわけで、九月、十月、十一月、十二月は、第七番目の月、第八番目の月、第九番目の月、第十番目の月という、本来の名前よりも二ヵ月ずれた月を表わすことになってしまったのです。

## 百と千

つぎに百を意味する接頭語

cent

に話をうつしましょう。百を意味するこのセントという接頭語のついた英語の単語の例はいくらでもあげることができるようです。ちょっと思い出すままに並べてみましても、つぎのようにたくさんあります。

cent
$\left(\frac{1}{100}\right.$ドル，1セント$\left.\right)$

centenary
（百年祭）

centigram
$\left(\frac{1}{100}\right.$グラム$\left.\right)$

centilitre
$\left(\frac{1}{100}\right.$リットル$\left.\right)$

centimetre
$\left(\frac{1}{100}\right.$メートル$\left.\right)$

centiped
（百足）

centuple
（百倍の）

century
（一世紀）

このセントに関してもう一つ有名な例は

percent

という言葉です。これは per cent とはなしてみればすぐわかるのですが、パーというのは「について」の意味で、セントはもちろん百ですから、もともと「百について」という意味なわけです。

このパーが「について」という意味であることを知っていれば、上の交通標識のK・P・Hはキロ・パー・アワーのことであり、一時間について四十キロを最高速度にせよ、といっていることがすぐわかります。

交通標識の話が出たついでに、歩行者横断の標識（編集部注——昭和三十八年までのもの）を思い出してください。下に英語が書いてあるのですが、覚えておられますか。

pedestrian crossing

と書いてあるのです。歩行者のことを pedestrian というのですが、この

ped

という字は、足の意味です。前にも

uniped
（一足の）

quadruped
（四足獣）

などという字が出てきました。これを知っていますと centiped が百足、つまりムカデのことであるのもすぐわかります。

こんどは、千を意味する接頭語

kilo

を考えてみましょう。千を意味するこのキロのついた言葉は、われわれの日常生活にいくらでも出てきます。たとえば

kilocycle
（キロサイクル）

kilogram
（キログラム）

kilolitre
（キロリットル）

kilometre
（キロメートル）

kilovolt
（キロボルト）

kilowatt
（キロワット）

kilowatt hour
（キロワット 時）

などです。逆に千分の一を意味するときは

milli

をつけます。たとえば

millibar（ミリバール）

milligram（ミリグラム）

millilitre（ミリリットル）

millimeter（ミリメーター）

という具合です。では最後に、百万を意味する

mega

に移りましょう。これは百万でなく、ただ大きいという意味にも使います。百万の例には

megacycle
（100万サイクル）

megadyne
（100万ダイン）

megafarad
（100万ファラッド）

megohm
（100万オーム）

megaton
（100万トン）

などがあり、大きい意味のほうの例には

megafog
（警霧拡音装置）

megalith
（大石）

megaphone
（拡声器）

megascope
（引伸しカメラ）

などがあります。

## その他の英語

そのほか、数学を習っているとよく出てくる単語にグラフというのがあります。これは英語で

graph

と綴るわけですが、これがグラフ、図式、図表、つまり書いたものという意味であることを知っていると、英語の知識としてもずい分役だつようにわたくしは思います。

たとえば

autograph（自筆）

phonograph（蓄音器）

photograph（写真）

telegraph（電信）

などという英語の単語は、オートが自分、グラフが書くこと、したがってオートグラフは自筆、フォノは音、グラフは書くこと、したがってフォノグラフは音を書くもの

で蓄音器、フォトは光、グラフは書くこと、したがってフォトグラフは光を書くで写真、テレは遠い、グラフは書くこと、したがってテレグラフは遠く書くで電信、などという具合に考えていけば、すべて意味がよくわかり、忘れる心配はないように思います。

こんな具合に、数学に出てくる英語を少し注意深くみておけば、英語の力もどんどん上がっていくようにわたくしは思います。

たとえば、グラフという字を足場にして、いま例にあげたような言葉の意味がよくわかれば、こんどは

auto

が、自身の、独自の、自己の、という意味とわかり、それのついた

autobicycle（オートバイ）
autocrat（独裁者）
automat（自動販売器）
automation（自動操作）
automobile（自動車）
autonomy（自治）
autophone（自動電話）
autopiano（自動ピアノ）
autotoxis（自家中毒）

などの意味がわかってくるでしょう。また phono が音とわかれば

phon
（フォン：音の強さの単位）

phonetic
（発音の）

phonetics
（音声学）

phonofilm
（発声映画）

phonometer
（音波測定器）

などの意味も自然にわかってきましょう。さらにまた photo が光とわかれば

photoelectron
（光電子）

photomap
（写真地図）

photometer
（露出計）

photon
（光子）

photoplay
（映画劇）

photosphere
（光球）

などの意味もすぐわかりましょう。さらにまた tele が遠いことを意味するとわかれば

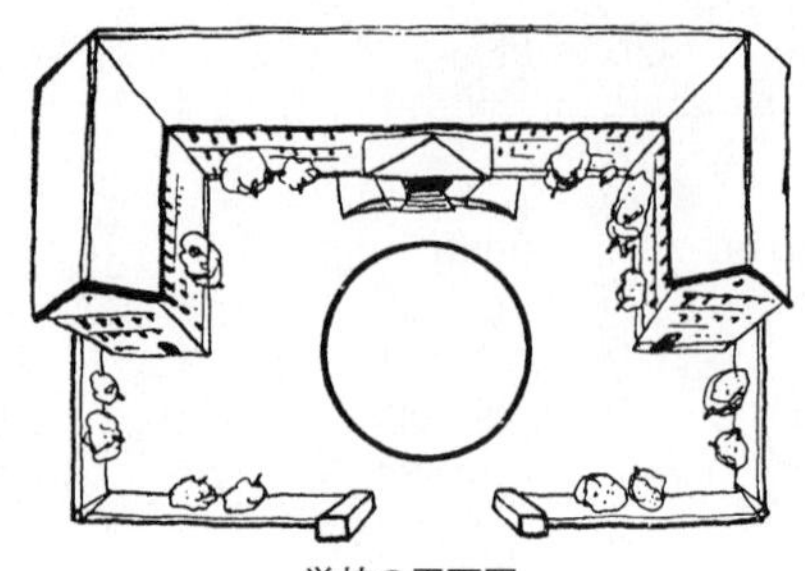

学校の平面図

telemeter
（遠隔測定器）

telepathy
（精神感応術）

telephone
（電話）

telephoto
（望遠写真）

telescope
（望遠鏡）

television
（テレビジョン）

の意味もすぐわかるという調子で、ますます英語の知識がふえていくと思うのですが、いかがでしょう。

さて、次回には「絵のなかの幾何学」というお話をしようと思うのですが、その前につぎの問題を考えてごらんになりませんか。

いま、学校の校庭に一つの円がえがいてあるとします。この円を校舎の窓からながめたり、写真にとったりすれば、この円は何に見えるでしょう。

# 絵のなかの幾何学

## 遠近法

みなさんは、次ページのような写真をごらんになったことがあるでしょう。この写真で、道路は実際にはどこまで行っても平行で、互いに交わることはないのですが、この写真では、あたかも一点で交わっているかのように写っています。

ですから、みなさんが絵を書かれる場合にも、線路や道路は、この写真のように書かなければいけません。そうしてこそはじめて遠近感がでるのですから。

さて、文芸復興期のイタリアでは、造形美術がすばらしい発達をとげたことはよく知られております。その当時までの絵の書き方では、右に申し上げました遠近法は全然無視されていたのですが、この文芸復興期に、次第にこの遠近法、すなわち透視法の研究が盛んになっていきました。これがまた、当時、土木事業や寺院の建築にたずさわっていた技師たちの要求とあいまって、ここに実用的な幾何学の研究はますます盛んになっていきました。

ここに透視法といいますのは、われわれが見ている物体を、それがわれわれの目に見えるとおりに紙の上に再現する方法のことです。そのためには、まず見ている物体と、われわれの目の間に一枚の平面をおき、物体上の勝手な点とわれわれの目を結ぶ直線を考え、それをこの平面で切って交点を求め、そのような点をすべてこの平面の上にもとめればよいわけです。

次ページの図は、この透視法の研究をしているところです。この透視法で、たとえば正立方体を書いてみると、下のようになります。この図で、ほんとうは平行な直線

が、のばすと一点に集まるようにかかれていることにご注意ください。

さて、この透視法をはじめて研究した人には、イタリアのアルベルチ（一四〇四―一四七二）、フランチェスカ（一四二〇―一四九二）などがありますが、この透視法を本格的に研究したのは、画家であると同時に、科学の先駆者としても有名なレオナルド・ダ・ビンチ（一四五二―一五一九）です。この透視法は、またドイツの画家デュ

ダ・ビンチの「最後の晩さん」

ダ・ビンチの習作

ーラー（一四七一―一五二八）によってドイツへ紹介されました。

右上の絵は、このダ・ビンチの傑作の一つといわれる「最後の晩さん」ですが、床、壁、天井の、実際は平行なはずの直線がすべて一点に集まっていることにご注意ください。

また下の絵は、下絵のまま完成されなかったダ・ビンチの絵ですが、これを見ても、ダ・ビンチがいかに透視法に苦心をはらっているかわかると思います。

では、実際に平行な直線が、どうしてすべて一点に集まっているように見えるのでしょうか。それはつぎのように考えるとよくわかると思います。

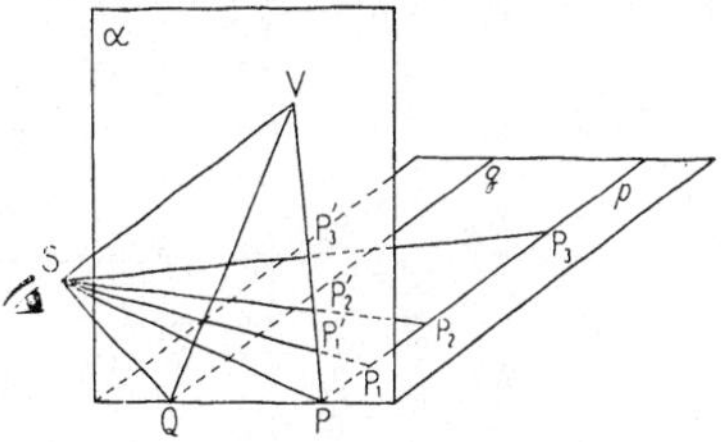

いま、水平面上に、平行な二本の直線$p$、$q$があるとして、これを目Sから見たものをかくために、平行線$p$、$q$と目Sの間に一つの平面$\alpha$をおいたとしてみましょう。

この平行線$p$、$q$を目Sから見えるとおりに平面$\alpha$上へかくには、$p$、$q$上のすべての点と目Sを結び、それを平面$\alpha$で切った図をかけばよいわけです。ですから、直線$p$と平面$\alpha$の交点をPとしますと、PはPに見えるわけです。

さて、SPという視線は、Pが直線$p$上を$P_1$、$P_2$、$P_3$、……と動いていきますと、$SP_1$、$SP_2$、$SP_3$、……と動いていきます。ですから、この$SP_1$、$SP_2$、$SP_3$、……と平面$\alpha$との交点は、点Ｐから出発して、$P_1'$、$P_2'$、$P_3'$、……と動いていきます。そして、点$P_1$、$P_2$、$P_3$、……が直線$p$上を遠ざかれば遠ざかるほど、視線$SP_1$、$SP_2$、$SP_3$、……は、Ｓを通って直線$p$に平行に引いた直線に近づいていきます。

ですから、Ｓを通って直線$p$に平行に引いた直線と平面$\alpha$との交点をＶとしておきますと、直線$p$上の点$P_1$、$P_2$、$P_3$、……の像は、平面$\alpha$上で、$P_1'$、$P_2'$、$P_3'$……と移動しながら、点Ｖに近づいていきます。

このことから、直線$p$の$\alpha$上での像は、点Ｐと点Ｖを結ぶ線分であることがわかります。

全く同様に、直線$q$と平面$\alpha$との交点をＱとしておきますと、直線$q$の$\alpha$上での像は、点Ｑと点Ｖを結ぶ線分であることがわかります。

このことからわかりますように、直線$p$に平行な直線の像は、$\alpha$上ですべて点Ｖに集まることがわかります。

この点Ｖは目で直線$p$上の点か、または直線$p$に平行な直線上の点を追っていったときに、ついにそれが見えなくなってしまう瞬間の点であると考えることもできます。この意味で、点Ｖのことを消失点とよぶことがあります。

## 射影と切断

さて、このお話のなかには、一つの点と、ある図形上のすべての点を結ぶという操作が現われています。この操作のことを、この点からこの図形を射影するといいます。

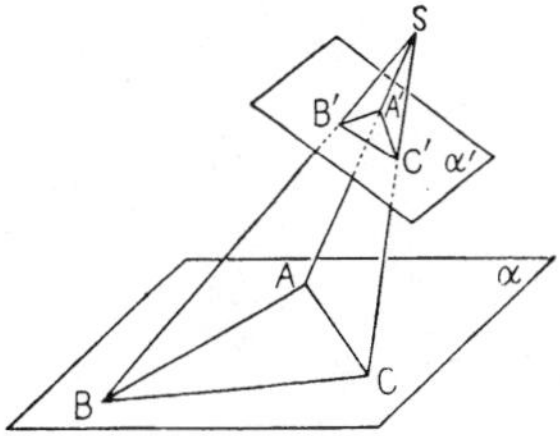

たとえば、点Ｓと、このＳを通らない平面α上に三角形ＡＢＣがあるとき、この点Ｓと三角形ＡＢＣ上のすべての点を結ぶ直線ＳＡ、ＳＢ、ＳＣを作ることを、点Ｓから三角形ＡＢＣを射影するといいます。

また前のお話には、一つの点に集まる多くの直線を、この点を通らない一つの平面で切るという操作が現われています。この操作のことを、この点に集まる図形を、この平面で切断するといいます。

たとえば上の例で、点Ｓに集まる三本の直線ＳＡ、ＳＢ、

SCと、Sを通らぬ一つの平面$\alpha$との交点を求めますと、A´、B´、C´という三つの点が得られます。これを、Sに集まる三本の直線SA、SB、SCを平面$\alpha$´で切断して三点、または三角形A´B´C´を得たというわけです。

このような場合、平面$\alpha$上の三角形ABCを、点Sから平面$\alpha$´上へ射影して三角形A´B´C´を得たともいいます。

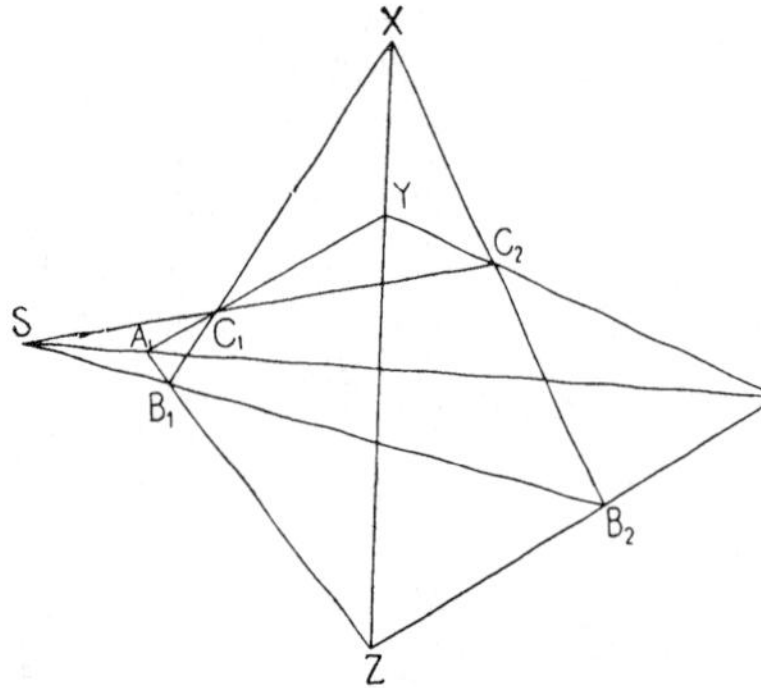


レオナルド・ダ・ビンチがこのようにして幾何学に導入した射影と切断という操作は、まことに画期的なものでありました。

この射影と切断という操作の重要性を認めて、この操作を使って幾何学をさらに発展させていったのは、フランスの建築技術者デザルグ（一五九三—一六六二）と、やはりフランスの天才的な数学者パスカル（一六二三—一六六二）とでありました。

ここに、デザルグの発見した定理と、パスカルの発見した定理とをのべておきましょう。

デザルグの定理というのは、「三角形$A_1B_1C_1$と三角形$A_2B_2C_2$があるとき、もしその対応する頂点$A_1$と$A_2$、$B_1$と$B_2$、$C_1$と$C_2$を結ぶ直線、またはその延長が同じ点Sに集まるならば、対応する辺$B_1C_1$と$B_2C_2$、$C_1A_1$と$C_2A_2$、$A_1B_1$と$A_2B_2$、またはその延長の交点X、Y、Zは一直線上にある」という定理です。

つぎのパスカルの定理をのべるのにはどうしてもまず、円錐曲線という言葉が必要ですから、これからお話しましょう。

前の章の一番おしまいに申し上げましたように、校庭に一つの円が書いてあったとしましょう。この場合、これを校舎の二階から見るということは、この円を、われわれの目から射影していることになります。

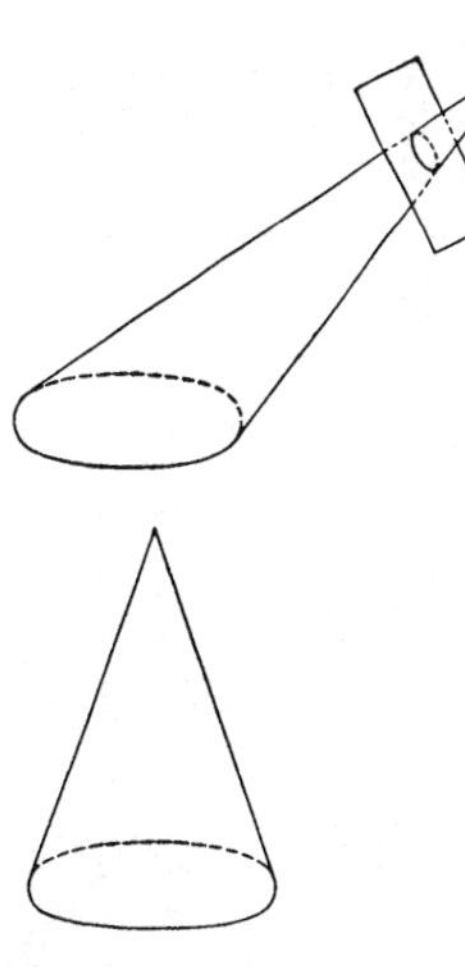

こうしてできた図を斜円錐といいます。

これがわれわれの目にどう見えるかということを知るのには、こうして射影したものを一つの平面で切ってみればよいわけです。図のように切ったとすれば、そこには楕円ができます。もし円をその真上の点

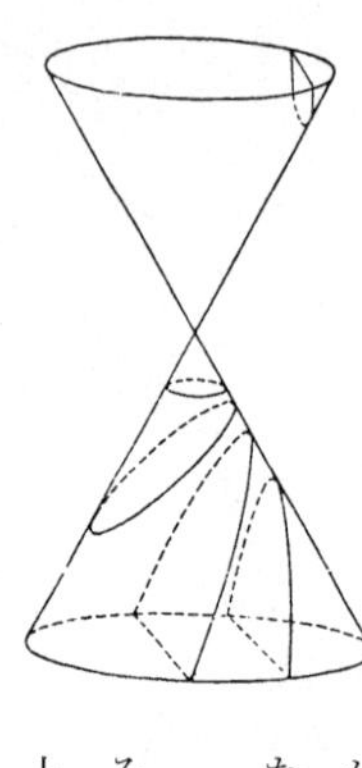

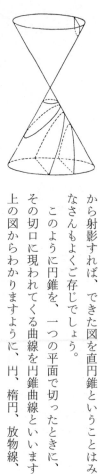

から射影すれば、できた図を直円錐ということはみなさんもよくご存じでしょう。

このように円錐を、一つの平面で切ったときに、その切口に現われてくる曲線を円錐曲線といいます。上の図からわかりますように、円、楕円、放物線、双曲線はみんな円錐曲線です。

さてパスカルの定理というのは、「円でも、放物線でも、楕円でも、双曲線でもよいのですが、円錐曲線に内接している六角形の、向かい合った辺、またはその延長の交点は一直線上にある」という定理です。

図でいいますと、まずABCDEFを一つの楕円に内接している六角形とします。そうしますと、向かい合っている辺というのはABとDE、BCとEF、CDとFAです。そしてパスカルの定理は、このABとDEの延長の交点P、BCとEFの延長の交点Q、CDとFAの延長の交点Rが一直線上にあるといっているのです。

さて、レオナルド・ダ・ビンチによってはじめて考えられた射影と切断、そしてデザルグとパスカルによってその大せつであることの認められた射影と切断を使って研

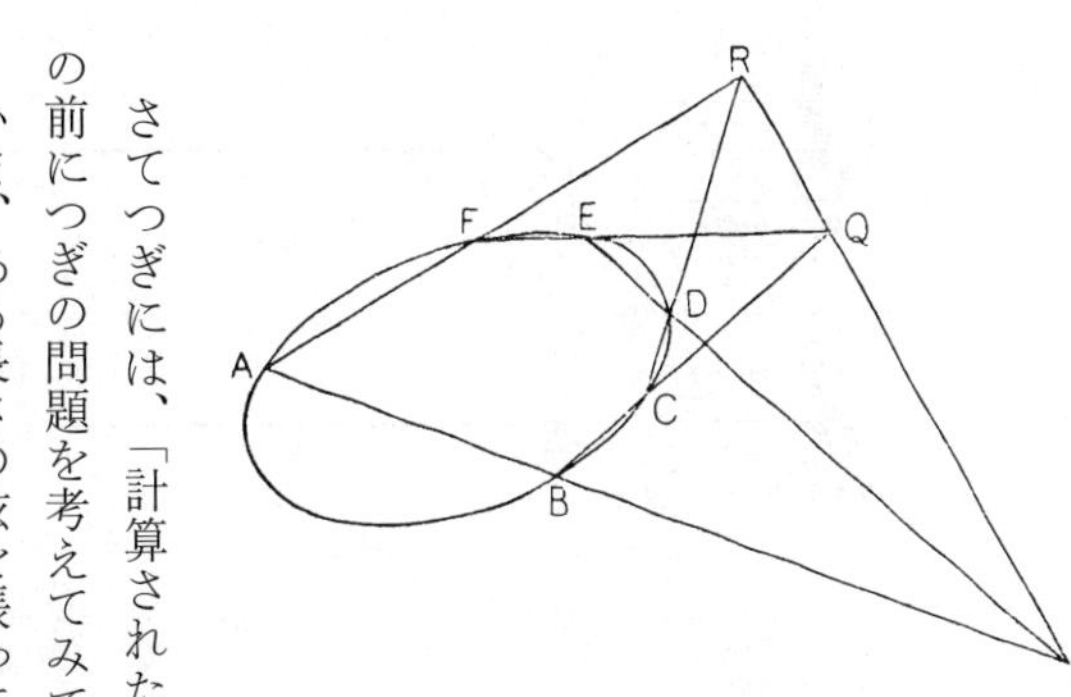


究された幾何学は、現在、射影幾何学とよばれています。

この射影幾何学は、そののち、カルノー、ポンヌレー、メービュース、シャルル、シュタイナー、プリュッカーなど非常に多くの数学者によって、ますますくわしく研究されました。

そして、この射影幾何学が、じつは特別な場合として、非ユークリッド幾何学を含んでいることが、ケーレー、クラインなどという数学者によって明らかにされました。

さてつぎには、「計算されたドレミファ」というお話をしようと思うのですが、その前につぎの問題を考えてみてください。

いま、ある長さの絃を張ってこれをはじいてみましたら、ハ調のドの音が出ました。

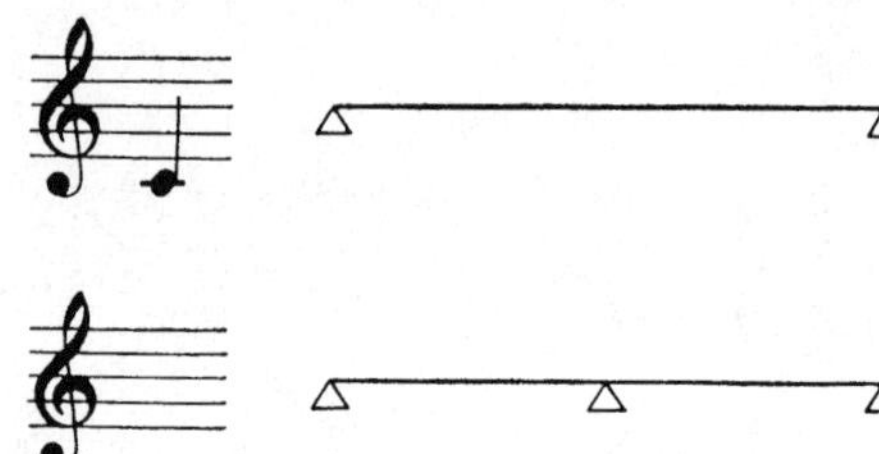

それなら、この絃の長さを半分にしてこの絃をはじけば、どんな音が出るでしょうか。図のト字記号の横へ音符で書きこんでください。

# 計算されたドレミファ

## 平均律音階

ピアノやオルガンでは、ハ調のドの音は一秒間の振動数が二六一・六三の音であるときめられています。

さて、ある長さの絃で音を出し、つぎにその絃の長さを半分にしてまた音を出しますと、振動数が前の二倍の音、つまり一オクターブ高い音が出ます。

ですから、ある絃で音を出したら、それはハ調のドの音であった。すなわち、振動

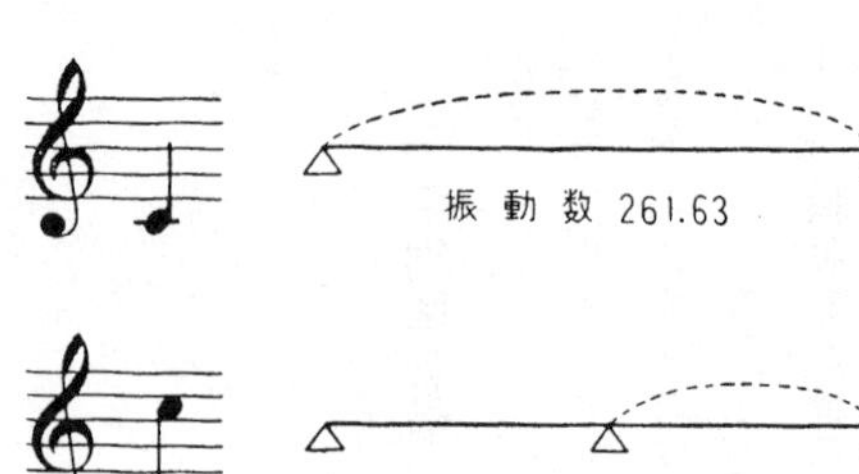

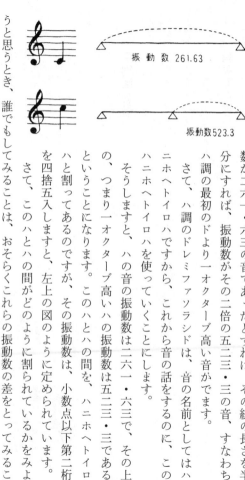

数が二六一・六三の音であったとすれば、その紘の長さを半分にすれば、振動数がその二倍の五二三・三の音、すなわち、ハ調の最初のドより一オクターブ高い音がでます。

さて、ハ調のドレミファソラシドは、音の名前としてはハニホヘトイロハですから、これから音の話をするのに、このハニホヘトイロハを使っていくことにします。

そうしますと、ハの音の振動数は二六一・六三で、その上の、つまり一オクターブ高いハの振動数は五二三・三であるということになります。このハとハの間を、ハニホヘトイロハと割ってあるのですが、その振動数は、小数点以下第二桁を四捨五入しますと、左上の図のように定められています。

さて、このハとハの間がどのように割られているかをみようと思うとき、誰でもしてみることは、おそらくこれらの振動数の差をとってみることでしょう。つぎつぎと差をとってみますと、次のページ下にかかげた表のようになりますが、これではその差は全部ちがっており、これからこれらの振動数がどのよう

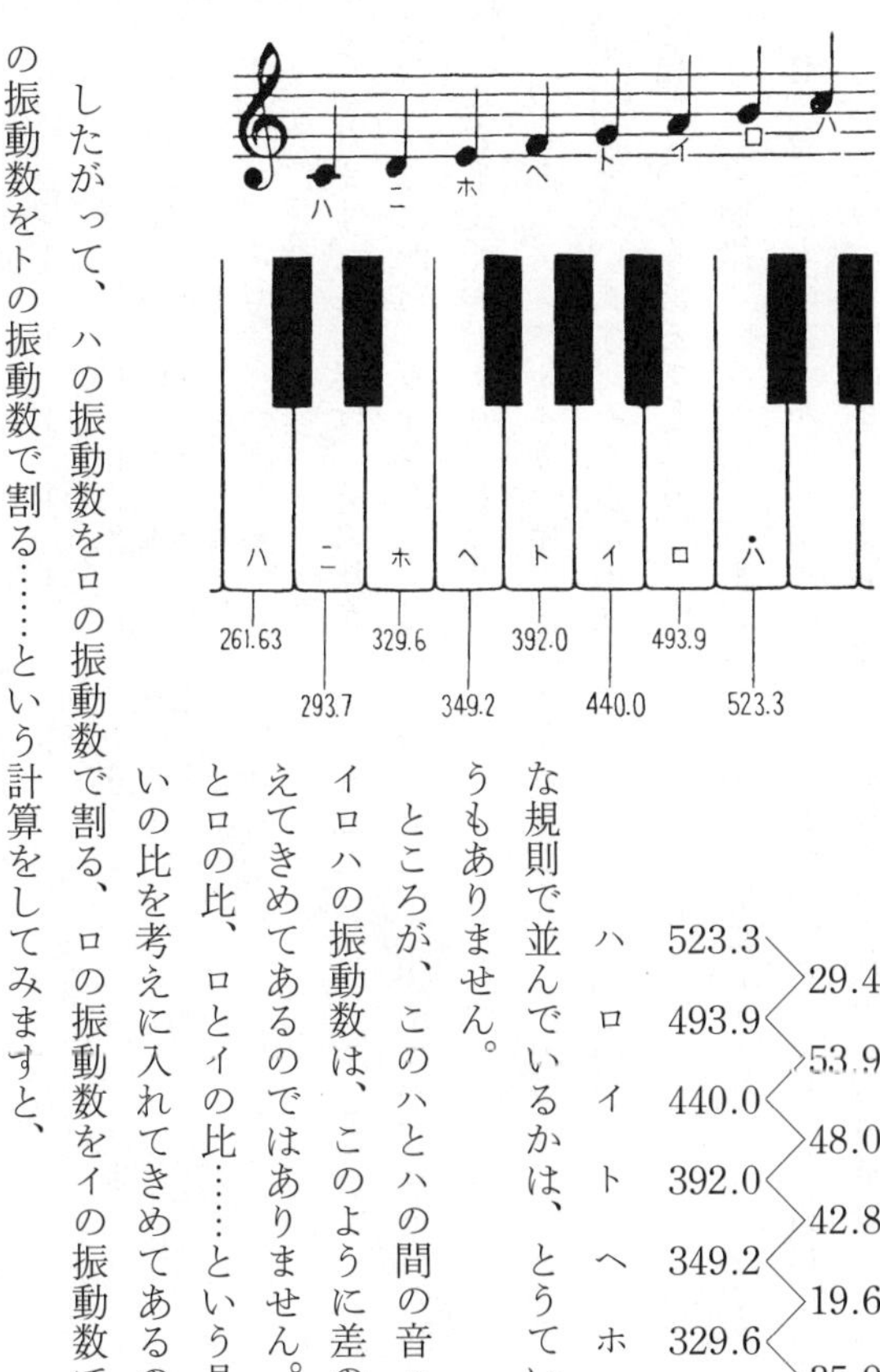


| 音 | 振動数 | 差 |
|---|---|---|
| ハ | 523.3 | |
| | | 29.4 |
| ロ | 493.9 | |
| | | 53.9 |
| イ | 440.0 | |
| | | 48.0 |
| ト | 392.0 | |
| | | 42.8 |
| ヘ | 349.2 | |
| | | 19.6 |
| ホ | 329.6 | |
| | | 35.9 |
| ニ | 293.7 | |
| | | 32.1 |
| ハ | 261.6 | |

な規則で並んでいるかは、とうていわかりそうもありません。

ところが、このハとハの間の音ハニホヘトイロハの振動数は、このように差のことを考えてきめてあるのではありません。実は、ハとロの比、ロとイの比……という具合にお互いの比を考えに入れてきめてあるのです。

したがって、ハの振動数をロの振動数で割る、ロの振動数をイの振動数で割る、イの振動数をトの振動数で割る……という計算をしてみますと、

| 音 | 振動数 | 比 |
|---|---|---|
| ハ | 523.3 | |
| | | 1.059 |
| ロ | 493.9 | |
| | | 1.122 |
| イ | 440.0 | |
| | | 1.122 |
| ト | 392.0 | |
| | | 1.122 |
| ヘ | 349.2 | |
| | | 1.059 |
| ホ | 329.6 | |
| | | 1.122 |
| ニ | 293.7 | |
| | | 1.122 |
| ハ | 261.6 | |

となります。こんどは、その比が一・〇五九と一・一二二となって、きれいに並びました。これから、みなさんよくご存じの、ホとヘの間が半音、ロとハの間が半音ということもよくおわかりでしょう。

現在のピアノやオルガンは、振動数がこうなるように調律されていますが、これを平均律といいます。みなさんのなかには、バッハの「平均律ピアノ曲集」というのをご存じの方もあるでしょう。

この平均律というのは、いまから三百年ほど前にドイツのベルクマイスターという人が考えたものですが、バッハはこれにもとづいて多くの曲を作曲しているわけです。

バッハの「平均律ピアノ曲集」は大へん有名ですが、その冒頭の「ハ調のプレリュ

グノーの「アベ・マリア」

ード」はとくに有名です。それは、バッハよりも百三十三年ものちに生まれたグノーが、バッハの原曲を伴奏として、「アベ・マリア」という曲を作っているからです。

## 純正調音階

さて、ある長さの絃を張って音を出したとき、それがハの音であったとすれば、その絃の長さを半分にして音を出せば、もとの音より振動数が二倍の音、すなわち、はじめのハより一オクターブ高いハの音が出ることは最初に申し上げました。これからつぎのことがわかります。つまり、振動数を二倍にすれば一オクターブ高い音が出るのですから、振動数を半分にすれば、一オクターブ低い音が出ます。

最初のハの音の振動数を1としますと、それより一オクターブ高いハの音の振動数は2ということになります。

そこで、最初のハの音の振動数を1として、振動数が2の音、3の音、4の音、5の音を考えてみます。振動数が2の音は、最初のハより一オクターブ高い音ですが、振動数が3の音は、最初のハより一オクターブ以上高い音です。

ですから、振動数が3の音より一オクターブ低い音を考えます。一オクターブ低い音を作るのには、振動数を$\frac{1}{2}$にすればよいのですから、3の$\frac{1}{2}$で、振動数が$\frac{3}{2}$の音が得られます。この音をわれわれはトの音とよびます。

2ハ

1ハ

振動数が1の音をハとすれば、振動数が$\frac{3}{2}$の音がトの音になりますが、このトは、ハより五度高いといいます。したがって、ある音より五度高い音を作ろうと思えば、その振動数を$\frac{3}{2}$にすればよいわけです。したがって絃の長さでいえば、ある音より五度高い音を出そうと思えば、その絃の長さをもとの$\frac{2}{3}$にすればよいわけです。逆にある音より五度低い音を作ろうと思えばその振動数を$\frac{2}{3}$にすればよいわけです。したがって絃の長さでいえば、ある音より五度低い音を出そうと思えば、絃の長さをもとの長さの$\frac{3}{2}$にすればよいわけです。

つぎに、最初のハの音の振動数を1として、振動数が4の音を考えてみます。この音より一オクターブ低い音を作るために、その振動数を$\frac{1}{2}$にしてみますと、4の$\frac{1}{2}$で2です。ところがこれは、最初のハの音より一オクターブ高い音です。したがって、振動数が4の音はオクターブの差を別にすればやはりハの音であって、別に新しい音は得られていないわけです。

現に、振動数が4の音より二オクターブ低い音を作るために、その振動数を$\frac{1}{2}$の$\frac{1}{2}$にしますと、4の$\frac{1}{2}$の$\frac{1}{2}$で1です。つまり最初のハの音にもどってしまいます。

さてつぎに、最初のハの音の振動数を1として、振動数が5の音を考えてみます。これは最初のハの音とくらべますと二オクターブ以上高い音ですから、いまこの音よ

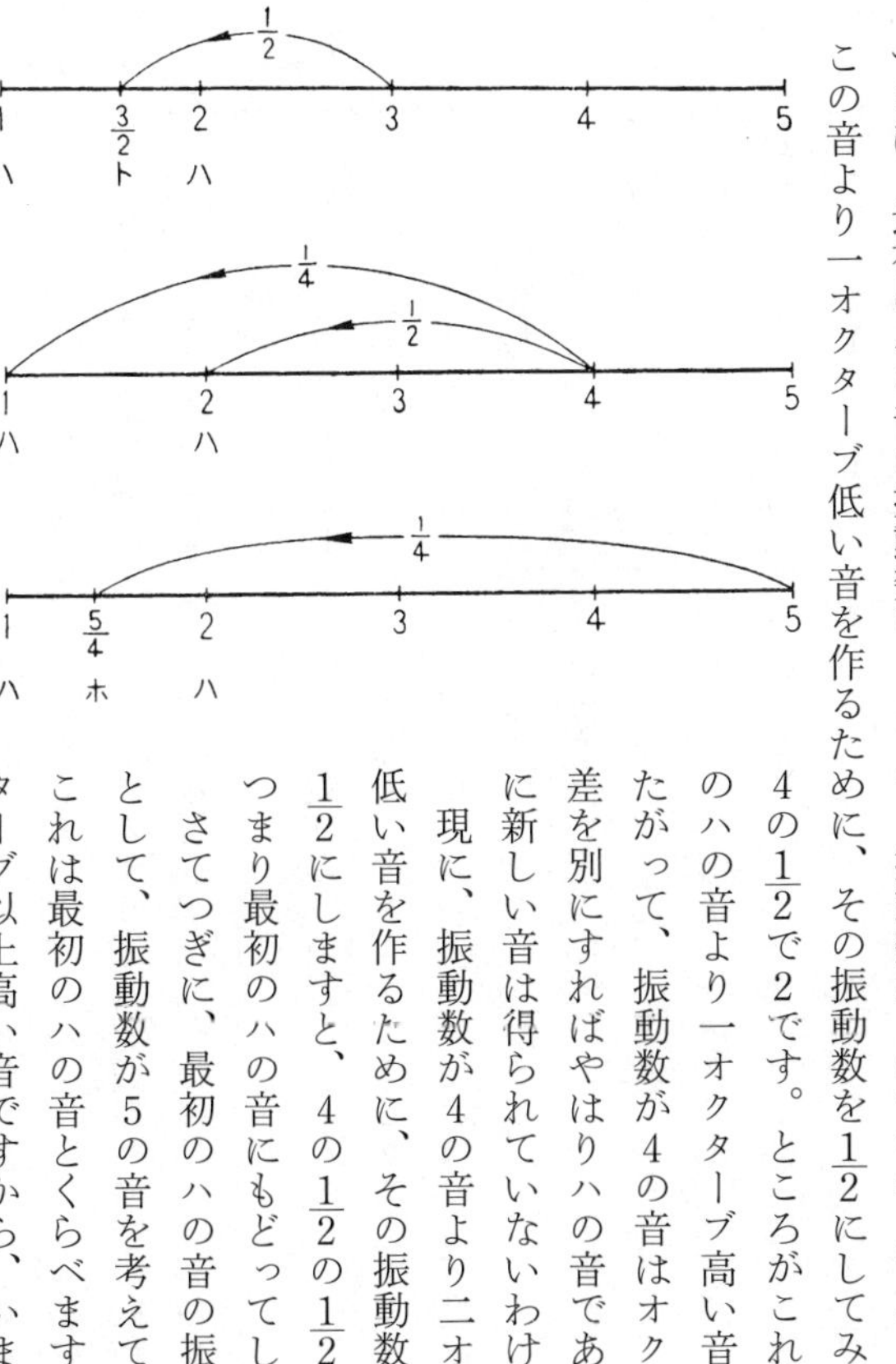

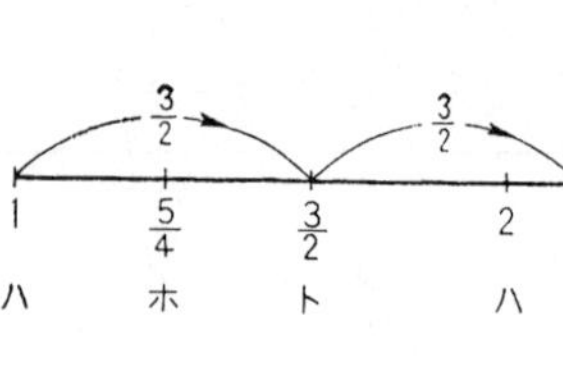


り二オクターブ低い音を作るために、その振動数を$\frac{1}{2}$の$\frac{1}{2}$、つまり$\frac{1}{4}$にしてみます。そうしますと、5の$\frac{1}{4}$で、$\frac{5}{4}$という振動数をもった音が得られます。このように、最初のハの音の振動数を1としたとき、$\frac{5}{4}$という振動数をもった音をわれわれはホの音とよびます。

さてこれでわれわれは、最初のハの音と、それより一オクターブ高いハの音との間に、ホの音とトの音を作ることができました。

上の図をみますと、最初のハの音から、それよりも五度高いトの音を作るのには、振動数1を$\frac{3}{2}$にすればよいことがわかります。

ですから、このトの音から、さらに五度高い音を作るのには、その振動数$\frac{3}{2}$をさらに$\frac{3}{2}$倍すればよいわけです。そうしますと$\frac{3}{2}$の$\frac{3}{2}$倍、つまり$\frac{9}{4}$の振動数をもった音が得られます。この音は、最初のハの音より一オクターブ以上高い音ですから、これを一オクターブ下げることにします。一オクターブ下げるには、その振動数を$\frac{1}{2}$にすればよいことはもうおわかりでしょう。したがって、$\frac{9}{4}$の$\frac{1}{2}$で$\frac{9}{8}$という振動数をもった音が出てきます。これをわたくしたちはニの音とよびます。

さてこんどは、ホの音より五度低い音を考えてみましょう。五度低い音を作るのには、振動数を$\frac{2}{3}$倍すればよいのでした。したがって、$\frac{5}{4}$の$\frac{2}{3}$を作って$\frac{5}{6}$という振動数をもった音が得られます。この$\frac{5}{6}$という振動数をもった音は、最初のハの音より低い音ですから、これから、このハより高い音を作るために、これを一オクターブ上げることにします。一オクターブ上げるためには、振動数を二倍すればよいのですから、$\frac{5}{6}$を二倍して、$\frac{5}{3}$という振動数をもった音が得られます。この$\frac{5}{3}$という振動数をもった音を、わたくしたちはイの音とよびます。

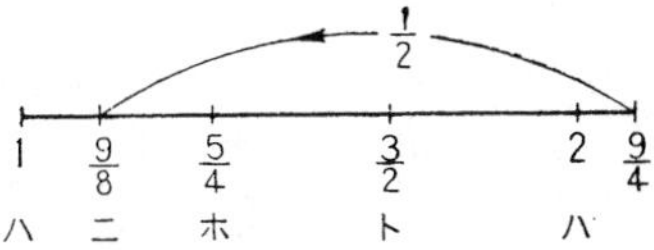

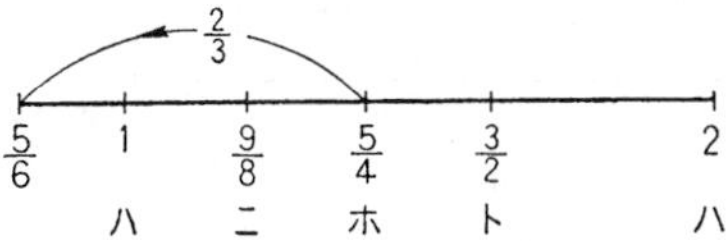

さてこれで、ハとハの間に、ニホトイという四つの音を作ることができました。残ったのはヘの音と、ロの音です。

まず、振動数2のハの音を、五度下げてみます。五度下げるのには、振働数を$\frac{2}{3}$にすればよいのですから、2の$\frac{2}{3}$倍を作って、$\frac{4}{3}$という振動数をもった音が得られます。これがヘの音です。こんどは、ホの

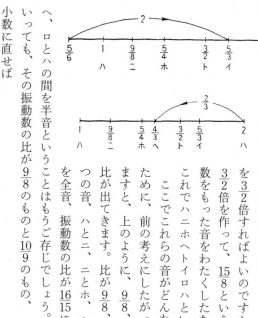

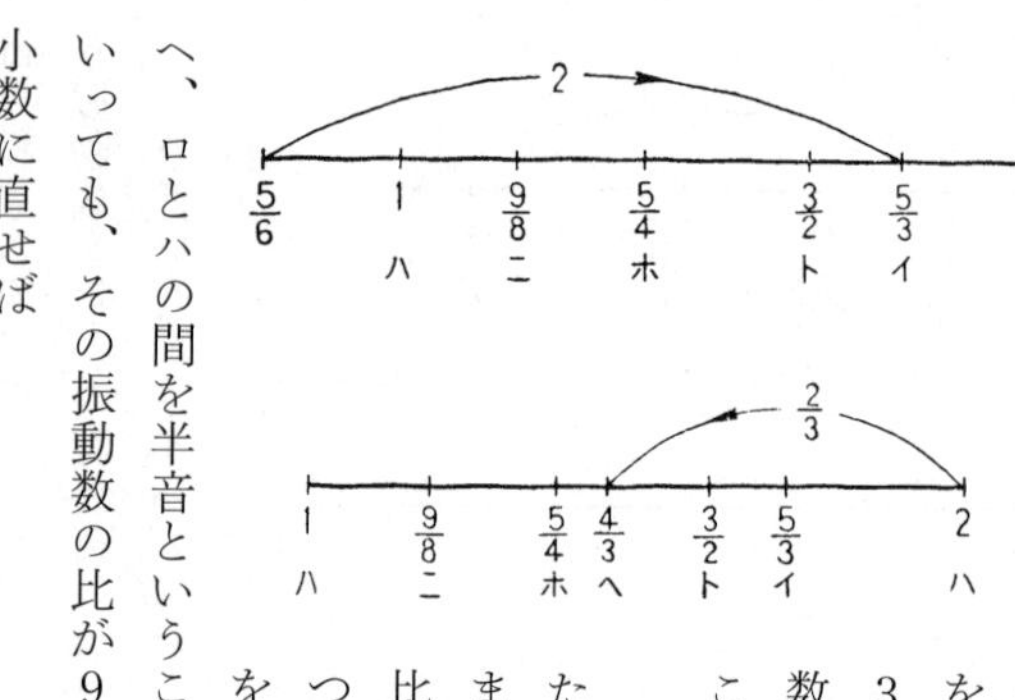


音を五度上げてみましょう。五度上げるのには、振動数を$\frac{3}{2}$倍すればよいのですから、ホの音の振動数$\frac{5}{4}$の$\frac{3}{2}$倍を作って、$\frac{15}{8}$という振動数を得ます。この振動数をもった音をわたくしたちはロの音とよぶわけです。これでハニホヘトイロハという音が全部できました。

ここでこれらの音がどんな具合に並んでいるかをみるために、前の考えにしたがって、振動数の比をとってみますと、上のように、$\frac{9}{8}$、$\frac{10}{9}$という比と$\frac{16}{15}$という比が出てきます。比が$\frac{9}{8}$、または$\frac{10}{9}$になっている二つの音、ハとニ、ニとホ、ヘとト、トとイ、イとロの間を全音、振動数の比が$\frac{16}{15}$になっている二つの音、ホとへ、ロとハの間を半音ということはもうご存じでしょう。したがって、同じく全音といっても、その振動数の比が$\frac{9}{8}$のものと$\frac{10}{9}$のもの、小数に直せば

$$\frac{9}{8}=1.125 \qquad \frac{10}{9}=1.111$$

という二通りのものがあることがわかります。

つぎに半音というのは、振動数の比が$\frac{16}{15}$のものをさしているわけですが、これを小数に直しますと

$$\frac{16}{15}=1.067$$

です。以上が純正調の音階です。

さて、ハニホヘトイロハというのは、ハ調のドレミファソラシドです。そこで、こんどはト調のドレミファソラシドを作ってみましょう。みなさんもご存じのように、ト調というのはトの音をドにして作ったドレミファソラシドのことです。したがって、ト調のドレミファソラシドを作るのには、トの音の振動数$\frac{3}{2}$から出発して、それにつぎつぎと$\frac{9}{8}$、$\frac{5}{4}$、$\frac{4}{3}$、$\frac{3}{2}$、$\frac{5}{3}$、$\frac{15}{8}$、2を掛けてみればよいわけです。結果は上のようになります。

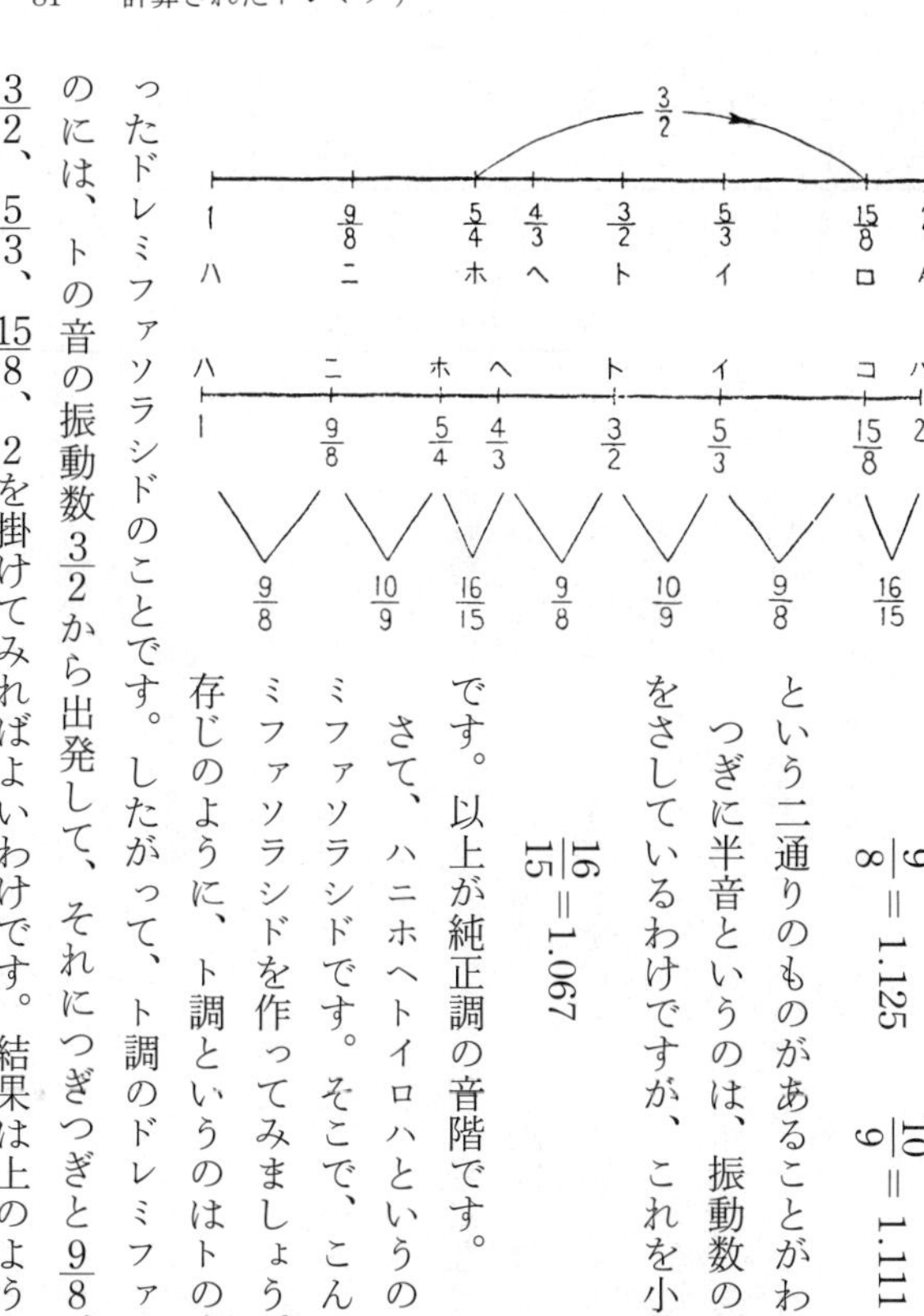

さて、ハ調のラの音の振動数は$5/3$、ト調のレの音の振動数は$27/16$で、これらは同じではありません。しかしその比は

$$\frac{5}{3}\div\frac{27}{16}=\frac{80}{81}$$

で、ほとんど1です。そしてこのような二つの音は、人間の耳ではほとんど区別ができないといわれています。

つぎの、ハ調のシドレミと、ト調のミファソラは、それぞれ振動数が$15/8$、2、$9/4$、$5/2$で同じ音になっています。ところがハ調のファと、ト調のシとは全然振動数がちがいます。これが、ハ調のファを半音上げると、ト調のシとなるといわれている事実です。

ある音を半音上げるのには、前にもお話ししましたように、その振動数を$16/15$倍すればよいのです。そこでハ調のファの振動数$8/3$を$16/15$倍してみますと

$$\frac{8}{3}\times\frac{16}{15}=\frac{128}{45}$$

となって、これはト調のシの振動数$\frac{45}{16}$と一致しません。しかし、ある音を半音下げるには、その振動数を$\frac{15}{16}$倍すればよいわけですから、ハ調のソの音を半音下げるために、ソの振動数3を$\frac{15}{16}$倍してみますと

$$3\times\frac{15}{16}=\frac{45}{16}$$

となって、ト調のシと一致します。

さて、いまのはト調のドレミファ、つまりトの音をドにしたドレミファの話でした。みなさんもよくご存じのように、音楽には、そのほかニ調のドレミファ、ホ調のドレミファ……といろいろあるわけです。そのたびに右にお話したようにいちいち振動数をきめていったのでは、いろいろな音がつぎつぎと出てきて、音がいくらあっても足りなくなってしまいそうです。それでは困るというので考え出されたのが平均律なのです。

## 平均律

いままでお話してきましたように、純正調ですと、数学的にいって全音に二種類あり、ある音を半音上げたものと、それより全音高いものを半音下げたものとは一致しません。ですから、純正調のオルガンには、この全音の間に、この二種類の半音を与えるために二つのキーがついております。

しかし、厳密にいえば、この黒いキーがいくつあっても足りなくなってくることはおわかりでしょう。そこで、全音はすべて同じ、半音は全音のちょうど半分ときめておけば便利であることがわかります。

さて、ハとハの間には、全音と半音があるわけですが、全音は半音の二倍として、半音がいくつあるか勘定してみますと、12あることがわかります。ですから、最初のハの音の振動数を1、それより一オクターブ高いハの音の振動数を2として、その1と2の間をある意味で十二等分すればよいわけです。しかしこれが隣同士の差が同じになるようにではなく、隣同士の比が同じになるようにわけるべきであることは、いまでのお話からおわかりでしょう。

$$1, x, x^2, x^3, x^4, x^5, x^6, x^7, x^8, x^9, x^{10}, x^{11}, x^{12}=2$$

ですから、最初の1に$x$を掛け、さらに$x$を掛けて$x^2$、それにさらに$x$を掛けて$x^3$……という具合に進めていって、$x^{12}$までできたら、これがちょうど2になるようにすればよいわけです。つまり

$$x^{12}=2$$

となるような$x$がみつかればよいわけです。

このような$x$を、2の十二乗根といって

$$x=\sqrt[12]{2}$$

で表わすのが普通です。これを表で引いてみますと

$$x=\sqrt[12]{2}=1.059$$

となります。したがって

ハ　$(\sqrt[12]{2})^{12}=2$
ロ　$(\sqrt[12]{2})^{11}=1.89$
イ　$(\sqrt[12]{2})^{9}=1.68$
ト　$(\sqrt[12]{2})^{7}=1.49$
ヘ　$(\sqrt[12]{2})^{5}=1.33$
ホ　$(\sqrt[12]{2})^{4}=1.26$
ニ　$(\sqrt[12]{2})^{2}=1.12$
ハ　$1=1$

となって、ハニホヘトイロハという音の振動数がきまります。

こうしておけば、ある音を半音上げるのには、その振動数を

1.059

倍すればいいし、半音下げるのにはこれで割ればよいわけです。また全音上げるには、その振動数を

1.12

倍すればいいし、全音さげるのには、これで割ればよいわけです。

したがって、この平均律で調律されているピアノやオルガンでは、白いキーと白いキーの間に、下の音を半音上げ、上の音を半音下げた音を出すただ一つの黒いキーが

あればそれで間に合っているわけです。

なおこれは余談ですが

$$\sqrt[12]{2}=1.059$$

という数は、十二回掛け合わせれば2になるような数のことです。つまり

$$(1.059)^{12}=2$$

です。これを

$$(1+0.059)^{12}=2$$

と書き直してみますと、これはつぎのような解釈をもっています。

1を元金と考えます。そして〇・〇五九というのを年利率と考えます。そうしますとこの式は、ある元金を、年利率〇・〇五九、つまり五分九厘の複利であずけておけば十二年間で元金はちょうど二倍になることを示しているわけです。つまりバッハの平均律は所得倍増と関係があるということになりそうです。

このつぎには「数のおとし穴」というお話をしますが、その前につぎの問題を考え

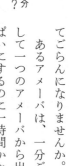

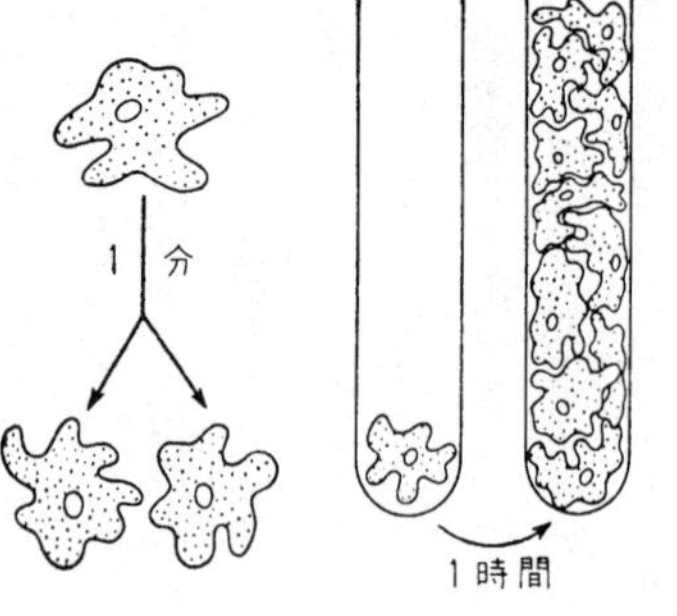


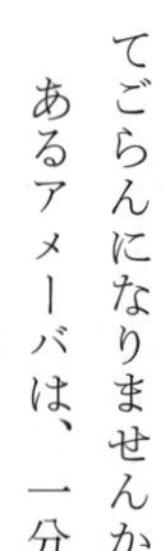

てごらんになりませんか。

あるアメーバは、一分ごとに二つに分裂します。そして一つのアメーバから出発して、この試験管をいっぱいにするのに一時間かかりました。

それならば、いまこれと同じアメーバを二つ同じ試験管に入れておいたとすれば、この試験管がいっぱいになるまでには何分かかるでしょうか。

# 数のおとし穴

前の問題はおわかりでしょうか。

この試験管に一つのアメーバを入れておけば、このアメーバは、一分ごとに二つに分裂して、ちょうど一時間でこの試験管にいっぱいになるのでした。

そこで問題は、これと全く同じアメーバを二つ、同じ試験管に入れておいたならば、何分でこの試験管にいっぱいになるだろうか、というのでした。

最初二倍いたのだから、いっぱいになるまでの時間は一時間、つまり六十分の半分で三十分だ、という答えのいけないのはおわかりのことと思います。

まず、最初の試験管に一つのアメーバを入れた場合を考えますと、一分後にこのア

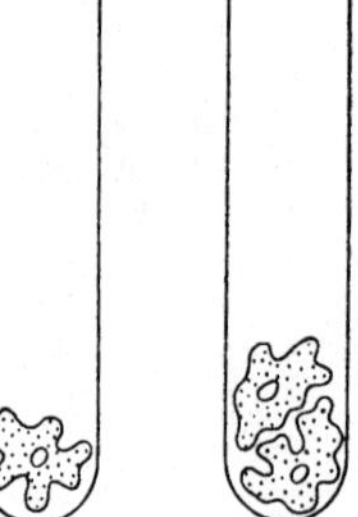

メーバは二つになります。二分後にはこのアメーバは四つになります。三分後にはこのアメーバは八つになります……こうして進んでいって、六十分後にはこの試験管にいっぱいになってしまうのです。ですから、問題の場合というのは、この話が一分のちに始まったのと全く同じことです。つまり一分おくれて全く同じ話が行なわれているわけです。

ですから答えは、六十分から一分を引いた五十九分ということになります。

今回はこれと似た話をいくつかしてみようと思うのですが、まず、指輪を買った奥様の話から始めましょう。

## 宝石商で

ある宝石商へきれいな奥様がはいってきて、指輪をみせてくださいといいました。

店員「はい、さようでございますね。この指輪ですと、もう高級品のなかでも断然

Aクラスでございます。」

奥様「それでお値段のほうはどうなの。」
店員「こちらの指輪が五千円、こちらは一万円でございます。」
奥様「どちらにしようかしら。」
店員「まあ奥様のようにお美しくて人目をひくお方ですと、やはりこちらの一万円のほうがぴったりお似合いかと存じますが。」
奥様「そうかしら、でもわたしがしていれば、五千円の指輪でも一万円にみえることだってあるかも知れないわよ。」
店員「はいはい、それはもう。」

この奥様はいろいろと迷っていましたが、とうとう五千円のほうの指輪を買うことにきめました。

奥様「それじゃ、こちらの五千円のほうにしておくわ、……じゃ、はい五千円ね。」
店員「はいはい、どうもありがとうございます。」

こうして奥様は、五千円を払って、店員の包んでくれた指輪をもってお店を立ち去りました。

ところが、しばらくするとこの奥様は、またこの宝石商へもどってきました。
店員「オヤ奥様、さきほどはどうも、なにかご用で。」
奥様「さっきの指輪とりかえてもらえないかしら。」
店員「はいはい。」
奥様「よく考えてみたら、やっぱり一万円の指輪のほうがいいと思うのよ。」
店員「はいはい、この指輪でございますね。」
奥様「そうよ、これこれ。」
店員「やはりこちらのほうが奥様にはぴったりでございますよ。奥様はお美しいし、
　この指輪はスーパー・デラックスでございますから。」
奥様「じゃこちらの指輪にするわ。これさっきの指輪よ。」
店員「はいはい。」
こうして奥様は、前に五千円を払って買った指輪をそこにおき、店員の出した一万円の指輪をもって立ち去ろうとしました。あわてたのは店員です。
店員「あのうモシモシ、お代金のほうをもう五千円いただきませんと。」
奥様「あらどうして。」

店員「さきほどの指輪は五千円でございますが、この指輪のほうは一万円でございますので、もう五千円いただかなければなりません。」
奥様「あらへんなことというじゃない。わたしはさっき貴方に五千円を渡したでしょう。」
店員「はい、それはたしかに。」
奥様「それからいま、五千円の値打のある指輪を貴方に渡したでしょ。」
店員「はい、たしかにお受け取りいたしました。」
奥様「それじゃわたしは貴方に五千円のお金と五千円の値打のある指輪、あわせて一万円を渡したことになるわけでしょう。」
店員「それもたしかでございます。」
奥様「貴方に渡したその一万円とひきかえに、貴方からこの一万円の指輪をいま受け取ったわけでしょう。」
店員「さようでございます。」
奥様「じゃこれでいいんじゃない。へんなことといわないでよ。」
こうしてこの奥様はいってしまったのですが、店員さんは、少し頭がこんがらかっ

| 宝石商 | | 奥様 |
|---|---|---|
| 5千円 | ← | |
| 5千円の指輪 | ← | |
| | → | 1万円の指輪 |

| 宝石商 | | 奥様 |
|---|---|---|
| 5千円 | ← | |
| | → | 5千円の指輪 |
| 5千円の指輪 | ← | |
| | → | 1万円の指輪 |

てしまったようです。

この話、どこがへんかおわかりですか。

まずこの奥様の議論を表にしてみますと、上の右のようになります。つまり、この表をみれば、奥様のほうから宝石商のほうへ合計一万円、宝石商から奥様のほうへやはり一万円、したがってこれでちょうどよいはずだというのです。

ところがここに、奥様が一つ忘れていることがあります。それは、最初、奥様が宝石商へ五千円払ったとき、奥様は宝石商から五千円の値打のある指輪を受け取っています。

したがって、奥様と宝石商の間のやりとりは、実際は上の左のようになるはずです。

この表をみればすぐわかりますように、奥様のほうから宝石商へは合計一万円、宝石商から奥様のほうへは合計一万五千円がいっているのですから、ちょうどよくするには、奥様が宝石商へもう五千円払うべきであるわけです。

## 昇給の条件

あるお店の新入店員が、店主によばれました。

店主「ところできみ、給与のことなんだがね、うちでは月給でなくて年俸ということでやっているんだがね。」

店員「はい。」

店主「初任給は年俸十万円、毎月に直すと九千円足らずだがね、あとはだんだんと定期的に昇給することになっているんだ……それでよろしいかね。」

店員「はい、結構でございます。」

店主「その昇給については、二通りの方法があるんだよ。つまり、一年ごとに年俸で一万五千円ずつ昇給していくのと、半年ごとに半年分の年俸で五千円ずつ昇給していくのとの二通りあるんだがね。君はどちらのほうを希望するかね。いまここで契約しておきたいと思うんだけれど。」

店員「一年ごとに一万五千円と、半年ごとに五千円とですね。」

店主「そう、半年ごとに五千円というのは、最初の半年には年俸十万円の半分の五万円、つぎの半年には、この五万円に五千円を足した五万五千円、つぎの半年にはこの五万五千円に五千円を足した六万円……というわけだよ。」

ここで新しい店員さんはちょっと考えこんでしまいました。

一つの昇給の仕方は一年ごとに一万五千円、もう一つの昇給の仕方は半年ごとに五千円だから、あとのほうは一年ごとに直すと一万円ということになる、と考えて

店員「それでは一年ごとに一万五千円のほうにしていただきます。」

店主「あ、そう、それではそういうことにしよう。そうすると最初の一年間の君の年俸は十万円、そのつぎの一年間の君の年俸は十一万五千円、そのつぎの一年間の君の年俸は十三万円、……という具合に君は昇給していくことになる。明日からしっかりつとめてくれたまえ。」

さあ、みなさんはいかがでしょう。一年ごとに年俸で一万五千円ずつ昇給していくのと、半年ごとに半年分の年俸で五千円ずつ昇給していくのとでは、どちらが得だとお考えになりますか。

この店員さんの考えたように、半年ごとに五千円昇給するというなら、それは、一

年ごとに一万円昇給するということだから、一年ごとに一万五千円昇給するほうがずっと得だと簡単に考えてよいでしょうか。

これは、頭のなかで考えていてもなかなか解決のつかない問題だと思いますので、ひとつ表を作ってみましょう。

まず、一年ごとに年俸で一万五千円ずつ昇給するとしてみますと

| | 前半年 | | 後半年 | | 年俸 |
|---|---|---|---|---|---|
| 第1年目 | | | | | |
| | 50,000円 | ＋ | 50,000円 | ＝ | 100,000円 |
| 第2年目 | | | | | |
| | 57,500円 | ＋ | 57,500円 | ＝ | 115,000円 |
| 第3年目 | | | | | |
| | 65,000円 | ＋ | 65,000円 | ＝ | 130,000円 |
| 第4年目 | | | | | |
| | 72,500円 | ＋ | 72,500円 | ＝ | 145,000円 |
| 第5年目 | | | | | |
| | 80,000円 | ＋ | 80,000円 | ＝ | 160,000円 |

……………………

ということになります。

この場合は、実は前半年と後半年にわけて考える必要はないのですが、あとの昇給の方法とくらべるためにこうしてみました。

つぎに、半年ごとに半年分の年俸で五千円ずつ昇給するとして表にしてみますと、

| | 前半年 | 後半年 | 年俸 |
|---|---|---|---|
| 第1年目 | 50,000円 | ＋55,000円 | ＝105,000円 |
| 第2年目 | 60,000円 | ＋65,000円 | ＝125,000円 |
| 第3年目 | 70,000円 | ＋75,000円 | ＝145,000円 |
| 第4年目 | 80,000円 | ＋85,000円 | ＝165,000円 |
| 第5年目 | 90,000円 | ＋95,000円 | ＝185,000円 |

……………………

となります。

これら二つの表をくらべてみますと、一年ごとに年俸で一万五千円ずつ昇給していくのより、半年ごとに半年分の年俸で五千円ずつ昇給していくほうがはるかに得だということは、もう一目瞭然でしょう。

こんな簡単なことでも、じっくり考えてみないと大損をするという例です。

## 百円どこいった？

スキー場で、スキーをかついだお嬢さんA、B、Cの三人が、ホテルへはいってきました。

ボーイ「いらっしゃいませ。」

A「あのう、お部屋あるかしら、今晩三人で泊りたいんだけど。」

ボーイ「お泊りですか、さあ、いまいっぱいなんですが、ちょっとおまちくださ い。」

ボーイは、ホテルのマダムのところへ相談にいきました。

ボーイ「お泊りのお客様ですが、部屋のほうはいかがでしょう。お三人なのですが。」
マダム「お三人さん？　それならいまちょうど予約をとり消してきた部屋が一つあいているわ、一番奥の部屋よ。ちょっとせまいけど。」
ボーイ「それではそこへお客様をご案内いたしましょう。」
ボーイ「お嬢さまがた、さいわい一つ部屋がございます。」
A「ああよかった。」
B「お願いするわ。」
C「ハラハラしちゃったわよ。」
ボーイ「ご案内いたします。どうぞこちらへ。」
ボーイは、三人のお嬢さんを一番奥の部屋へ案内しました。
ボーイ「どうぞ、この部屋でございます。」
A「ああここ、ちょっとせまいわね。」
B「三人で泊れるかしら、ベッドが二つしかないけど」
ボーイ「ベッドはもう一つおもちしますが。」
C「それならO・Kね。」

A「この部屋一晩おいくらなの。」
ボーイ「この部屋は一晩三千円でございます。」
A「三千円？　まあ仕方ないわね。」
B「ええ。」
C「まあまあってとこね。」
ボーイ「まことにおそれいりますが、今日は大へんとりこんでおりますので、お部屋代は先にいただくことになっておりますので。」
A「ああそう、三千円というと一人千円ずつでちょうどいいわね。」
B「わたしが出しておくわ。」
C「待って待って、いま千円ずつ出したほうがいいわよ。あとで計算するってのはとても面倒だから。」
A「ではわたしの分千円。」
B「はいわたしの千円。」
C「それにわたしの千円を足して三千円、はいボーイさん、ここに三千円あるわよ。」

ボーイ「はいたしかに、ありがとうございました。」

こうしてボーイさんは、この三千円をホテルのマダムのところへもってきました。

ボーイ「いま、お三人をご案内したお部屋代三千円でございます。」

マダム「三千円？　あら、あのお部屋は一泊二千五百円なのよ。」

ボーイ「あ、そうでございますか、うっかりいたしました。」

マダム「よくおわびして、五百円お返ししてくださいよ。一、二、三、四、五、はい五百円。」

ボーイ「かしこまりました。」

ところがこのボーイさん、この五百円を三人のお嬢さんへ返しにいく途中でちょっと考え直しました。

まてよ、あの三人のお嬢さんは部屋代が三千円と思っているわけだから、この五百円はなにも無理にあのお嬢さんがたに返さなくったっていいわけだな。

しかし、マダムがお客さんに返してこいといって自分があずかってきた五百円だから、それをみんなもらってしまうのはちょっと気がひける。といってこの五百円をみんなお嬢さんがたにお返ししたところで、五百円は三で割り切れはしない。

そうだ、うまい考えがある。百円札五枚のうち三枚だけ返して、あとの二百円はわたしがチップにいただいておこう。そうすれば、お嬢さんがたはよろこんで百円ずつわけるだろう。そしてわたしはチップを二百円もらうことになる。
こう考えたボーイさんは、三人のお嬢さんの部屋へきて、ノックしました。
A「ハーイ、どうぞ。」
ボーイ「あのう、この部屋はふだんは一泊三千円なのでございますが、目下特別大サービス実施中なので、お釣りがございます。」
B「あらそう、いくらお釣りがあるの。」
ボーイ「三百円でございます。」
A「一枚、二枚、三枚、はいたしかに。」
B「三百円なの、ちょうどいいわ、三人でわけるのに。」
C「一人百円ずつね。」
ボーイ「さようでございますね。」
A「ではBさんに百円、Cさんに百円。」
B「そうすると、この部屋は一人九百円ずつってわけね。」

C「そうね、三人で二千七百円ってわけね。」

ところが、ここでCさんが二千七百円といったものですから、この部屋をでたボーイさん、ちょっとわからなくなってきました。

まてよ、三人のお嬢さんが最初に払った部屋代は三千円、ところが、いまお嬢さんがたは、二千七百円払ったといっておられる。そして私のポケットには、あのお嬢さんがたの出した二百円がはいっている。お嬢さんが払ったという二千七百円にこの二百円を足しても、二千九百円にしかならない。

へんだな、さっきはたしかに三千円受け取ったのに、いまの計算では二千九百円にしかならない。百円足りないわけだ。その百円は一体全体どこへ行ってしまったのだろう。

みなさんは、この百円どこへ行ったかおわかりですか。これも上のような表を書いてよく考えてみますと、わかってくると思います。

| ホテル<br>(マダム, ボーイ) | | お客<br>(A, B, C) |
|---|---|---|
| 3,000円 | ← | |
| | → | 300円 |
| 2,700円<br>=2,500円(マダム)<br>+200円(ボーイ) | | 2,700円 |

まず、お客の三人のお嬢さんは、ホテルのほうへ三千円払ったわけです。そして実際には、ホテルのほうから三百円を返し

てもらったのです。ですから、お客のお嬢さんがたはホテルへ二千七百円を払ったのであり、マダムとボーイ側へは、二千七百円のお金がはいったはずです。

ところで、この二千七百円のうち、マダムの手には二千五百円、ボーイのポケットには二百円が渡っているわけです。

この話はこれだけのことで、実は何の不思議もないのですが、このボーイさんは、自分のポケットの二百円を、この表でいえばお客様のほうの側にある二千七百円に加えて二千九百円と考え、それとお客が最初に払った三千円とをくらべて、勝手に百円足りないと困っていたわけです。

こんなややこしい話をはっきりさせるのには、前のような表を書いてみるのに限るようですね。

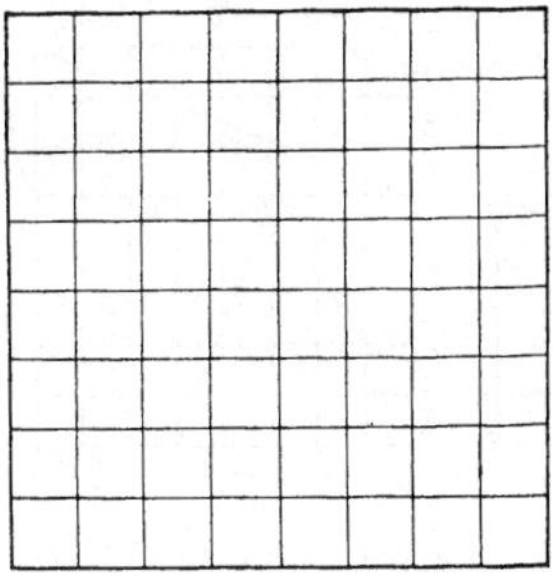

## 六十四枚が六十五枚になる？

いまここに、上の形をしたお餅があります。これを縦横八つずつに切りますと、8掛ける8で、六十四枚のお

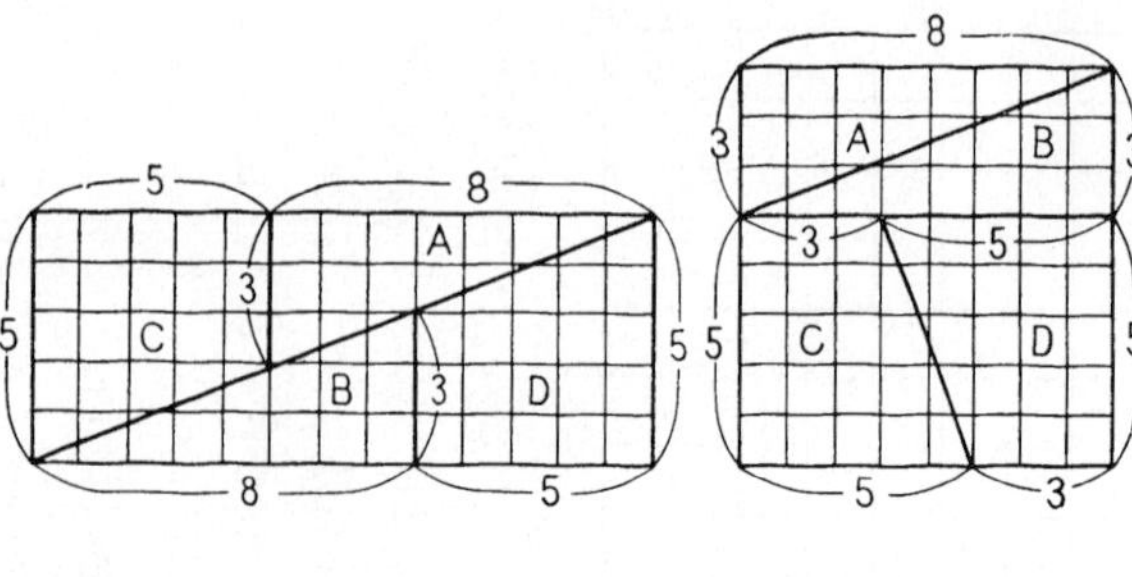


餅がとれます。ところが、同じ大きさのこのお餅をうまく切り直しますと、もう一枚多い六十五枚とれるという話をご存じでしょうか。

それはこうするのです。まず、この大きな正方形を、上の図が示すように、A、B、C、Dという四つの部分に分けます。

ごらんのように、AとBは、直角をはさむ二つの辺の長さがそれぞれ3と8の直角三角形です。またCとDは、上底の長さが3、下底の長さが5、高さが5の台形です。これらのA、B、C、Dを上のようにおきますと、これで縦の長さが5、横の長さが13の長方形ができます。ですから、その面積は、

$$5 \times 13 = 65$$

ですから、このようにおきかえてお餅を切れば、前のように六十四枚ではなくて、六十五枚のお餅が切れることにな

ってしまいます。

みなさん、この一枚余分のお餅はどこから出てきたかおわかりでしょうか。

これは実は、A、B、C、Dをおきかえたときに、まん中に小さなすき間があるのです。これを少し大げさに書きますと、上のようになっているのです。このすき間の面積がちょうど1なのですが、それをうっかりすると、六十四枚が六十五枚に思えるのです。

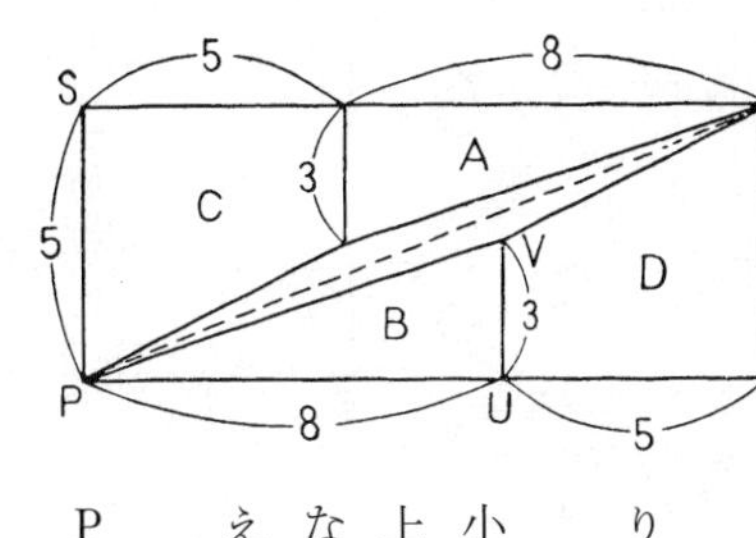


ここに実際すき間があることを理解するのには、この図で、PVの傾きと、PRの傾きをくらべてみればよいと思います。
PVの傾きは、PU分のUV、したがって、8分の3ですから、これを小数に直してみますと、

$$\frac{3}{8}=0.375$$

です。つぎにPRの傾きは、PQ分のQR、したがって13分の5ですから、これを小

数に直してみますと、

$\frac{5}{13}=0.3846\cdots\cdots$

です。したがって、PVの傾きよりはPRの傾きのほうが少し大きいわけです。したがって、前にはPとVとRが一直線になっているような図を書きましたが、実はこれらは一直線上にないことがわかります。

| 1 9 6 1 |
|---|

| 1 9 6 1 |
|---|

さてつぎには、「一九六一年のなぞ」というお話をしますが、その前につぎの問題を考えてごらんになりませんか。

一九六一という数を上のように書きますと、これはさかさにしてもやっぱり一九六一です。そこで問題というのは、このようにさかさにしても全く同じに読める年は一九六一年のつぎは西暦何年でしょう、というのです。

# 一九六一年のなぞ

まず前の章の終りに申し上げた問題から考えてみましょう。

そのために、上下をひっくり返してもやはり数字として読めるのは、どれとどれかを調べてみます。

1234567890という数字を書いておいて、これをひっくり返してみますとつぎのようになります。これら二つを見くらべてみますと、ひっくり返してもやっぱり数字に読めるのは、

1　6　8　9　0

の五つであることがわかります。

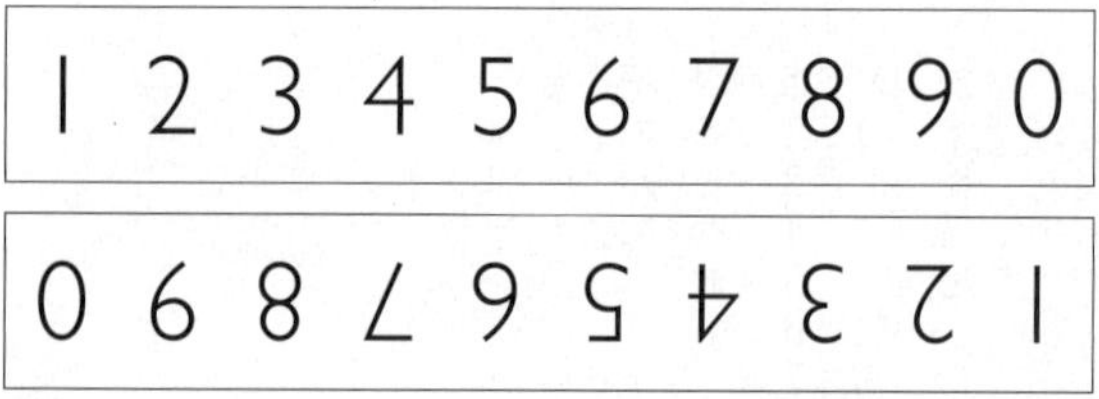

| 1 | 2 | 3 | 4 | 5 | 6 | 7 | 8 | 9 | 0 |
|---|---|---|---|---|---|---|---|---|---|

| 1 | 2 | 3 | 4 | 5 | 6 | 7 | 8 | 9 | 0 |
|---|---|---|---|---|---|---|---|---|---|

そこで、これらの数字を使って、一九六一年のつぎに、もう一度くる、ひっくり返しても同じに読める年をさがしてみましょう。

まず千位の数字を1としてみます。すると、百位の数字は、0か1か6か8か9ということになりますが、百位の数字が0、1、6、8の年はもうすぎてしまいました。したがって、百位の数字は9でなければなりません。

千位の数字が1、百位の数字が9であれば、十位は6、一位は1となってしまいますから、これは一九六一年です。

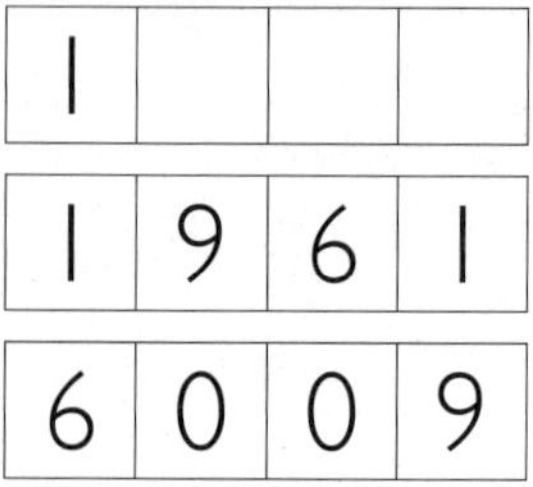

| 1 | | | |
|---|---|---|---|

| 1 | 9 | 6 | 1 |
|---|---|---|---|

| 6 | 0 | 0 | 9 |
|---|---|---|---|

これで、千位の数字が1で、ひっくり返しても同じに読める年は、去年が最後であることがわかりました。

さあそうしますと、そのつぎには、千位の数字は6でなければなりません。百位の数字は、一番小さい0を入れることにしますと、これで、十位も0、一位は9ときまってしまいます。

すなわち、一九六一年以後で、さかさにしても同じに読める年は、六〇〇九年が一番近いということになります。

こんなわけで、一九六一年という年は、さかさにしても同じに読める年ですが、そのつぎにさかさにしても同じに読める年がくるのは、いまから四千年ものちだということがわかります。

## さかさにしても同じに読める数

では、いままで考えてきたことをもとにして、さかさにしても同じに読める年を順にさがしてみましょう。

まず一桁の数では

0　1　8

の三つです。つぎに二桁の数では

11　69　88　96

の四つです。つぎに、三桁の数では

101
111
181
609
619
689
808
818
888
906
916
986

の12です。つぎに四桁の数では

1001
1111
1691
1881
1961
6009
6119
6699
6889
6969
8008
8118
8698
8888
8968
9006
9116
9696
9886
9966

の20です。

こんなわけですから、キリストが生まれてから一九六一年までには、さかさにしても同じに読める年は

0
1
8
11
69
88
96
101
111
181
609
619
689
808
818
888
906
916
986
1001
1111
1691
1881
1961

だけあったということになりそうですが、実は0は抜かしておかなければいけません。と申しますのは、キリストが生まれた年は、西暦紀元一年であり、キリストが生まれた前の年は西暦紀元前一年でして、西暦紀元ゼロ年という年はないからです。

## 数のさかさま

さて、もう一つある意味での数のさかさまのお話をしてみましょう。
それにはまず、1から2、3、……と9まできれいに数字の並んだ数を考えます。
いまこの数から出発して、数字の順序が9から8、7、……と1までさかさまになった数を作りたいのです。そのために、この数を八倍して9を加えてみてください、計算の結果は上のとおりで、これで見事に数字の順が逆になっている数が出てきました。

では、どうしてこんなことがうまくいったかということ、そのわけを考えてみることにいたしましょう。

いろいろな説明の仕方があると思いますが、ここでは

1 2 3 4 5 6 7 8 9

$$123456789\times8+9=987654321$$

$$\begin{array}{r} 123456789 \\ \times\quad\quad\quad\;\; 8 \\ \hline 987654312 \\ +\quad\quad\quad\;\; 9 \\ \hline 987654321 \end{array}$$

$$
\begin{aligned}
1\times9+\ 2&=11\\
12\times9+\ 3&=111\\
123\times9+\ 4&=1111\\
1234\times9+\ 5&=11111\\
12345\times9+\ 6&=111111\\
123456\times9+\ 7&=1111111\\
1234567\times9+\ 8&=11111111\\
12345678\times9+\ 9&=111111111\\
123456789\times9+10&=1111111111
\end{aligned}
$$

というおもしろい数の配列から話を始めましょう。たとえば

1234567

というように、1から順に数字が並んでいる数を、九倍して、最後の7より1多い8を加えると

11111111

と、1ばかり八つ並んだ数が得られるというおもしろい数の配列になっているわけで

す。まずこの配列のできる理由から考えていきましょう。

この理由をみつける一番うまい方法は、九倍するということは、十倍して一倍を引くことであると考えてみることです。したがって

$$1234567\times9+8=1234567\times(10-1)+8$$
$$=12345670-1234567+8=12345678-1234567$$

ですが、ここまでくれば、答えは

$$\begin{array}{r} 12345678 \\ -\ 1234567 \\ \hline 11111111 \end{array}$$

となって、1ばかり並ぶのは全くあたり前であることがよくわかります。

これで前ページのような数の配列のできる理由はよくわかったわけですが、われわれの知りたいのは

12345679

を、九倍でなく、八倍して9を加えると

98765432l

と数字の順序が逆になる理由です。

そこでまず一一四ページの数字の配列で全部から1を引きますと、

$$1\times9+1=10$$
$$12\times9+2=110$$
$$123\times9+3=1110$$
$$1234\times9+4=11110$$
$$12345\times9+5=111110$$
$$123456\times9+6=1111110$$
$$1234567\times9+7=11111110$$
$$12345678\times9+8=111111110$$
$$123456789\times9+9=1111111110$$

となります。こうして、たとえば

$$1234567\times9+7=11111110$$

が出てきますが、われわれのほしいのは九倍でなく八倍です。

ところで、九倍がわかっているときに八倍を作るのにはどうしたらよいでしょう。

そう、九倍からもとの一倍を引けばよいわけです。したがって、

1234567×9＋7＝11111110

の左と右から1234567を引けば

1234567×8＋7＝11111110－1234567

ところが

$$\begin{array}{r} 11111110 \\ -\ 1234567 \\ \hline 9876543 \end{array}$$

したがって

1234567×8＋7＝9876543

同じことを右ページの数字の配列全部に行なえば

$$1 \times 8 + 1 = 9$$
$$12 \times 8 + 2 = 98$$
$$123 \times 8 + 3 = 987$$
$$1234 \times 8 + 4 = 9876$$
$$12345 \times 8 + 5 = 98765$$
$$123456 \times 8 + 6 = 987654$$
$$1234567 \times 8 + 7 = 9876543$$
$$12345678 \times 8 + 8 = 98765432$$
$$123456789 \times 8 + 9 = 987654321$$

となりますが、わたくしたちがはじめに考えたのは、この一番おしまいの計算であったわけです。

## 回　文

数字の順序がさかさまになるお話が出てきましたから、ついでに、上から読んでも下から読んでも同じ言葉のお話をしておきましょう。

モモ　トマト　ヤオヤ　シンブンシ

などは、上から読んでも下から読んでも同じでしょう。また文章では

タケヤブヤケタ　ダンスガスンダ

など、上から読んでも下から読んでも同じものがあります。

ところでもう少し長いのもあるのですが、みなさんご存じでしょうか。それは

草の名は　知らず珍らし　花の咲く

というのです。これをかなで書いてみますと

くさのなは　しらずめずらし　はなのさく

で、たしかに上から読んでも下から読んでも同じことです。これは俳句ですから、全部で十七文字、それを上から読んでも下から読んでも同じに読めるように並べて、しかも意味があるようにするのは大へんでしょう。

ところが日本の昔の人は、もっとすばらしいのを考えています。それは

長き夜の　遠のねぶりの　皆目ざめ
波のりぶねの　音のよきかな

というのです。これを、にごりをとってかなで書いてみますと

なかきよの　とおのねふりの　みなめさめ
なみのりふねの　おとのよきかな

となりますが、たしかに上から読んでも下から読んでも全く同じことです。

これは和歌ですから、全部で三十一文字あるわけですが、これで上から読んでも下から読んでも全く同じで、しかもとてもおめでたい意味があるとは、全く恐れいったものといわなければなりません。このように、上から読んでも下から読んでも同じに読める文章を回文といいます。

これがもし英語ですと、上から読んでも下から読んでも同じではなくて、左から読んでも右から読んでも同じということになるわけですが、その例をあげてみましょうか。

昔、天国に住んでいたアダムとイブは、蛇に誘惑されてとうとうリンゴの実をたべ、そのため下界へおろされてしまったことはみなさんもご存じでしょう。

下界へくだった夫のアダムは、あるとき大へん遅く家へ帰ってきました。そしておそるおそる家の戸をたたきました。

イブ「いまごろだれですか。」

このときアダムはつぎのように答えました。

Madam, I'm Adam.（奥さん、わたしはアダムです）

これは、左から読んでも右から読んでも同じです。しかも、カンマとアポストロフが入れかわるところなどはなかなかシャレています。

かつてはヨーロッパ全土をしたがえて覇をとなえたこともあるナポレオンも、戦利あらず、ついにエルバ島へ流される身となってしまいました。この島のある娘は、このナポレオンが、かつてはヨーロッパ全土をしたがえたことのある将軍とはどうしても信ずることができず、ナポレオンに、貴方はほんとうにそんなに力のあった人ですか、とたずねました。

このときナポレオンは

Able was I ere I saw Elba.（エルバ島を見る前までは、私も力があった）

という意味を答えたといわれています。これも左から読んでも右から読んでも同じです。このまん中にある ere というのは、古くは「その前には」という意味をもった言葉でした。

さてこのつぎには、「さっさ立てと鶴亀算」というお話をしたいと思うのですが、その前に、つぎのような問題を鶴亀算というのだということを思い出しておいてください。「鶴と亀が合わせて十ぴきいます。そして足の数はみんなで二十六本であるといいます。鶴と亀はそれぞれ何びきずついるのでしょう。」

できましたら、どんな方法ででも、この問題を解いてみるのも一興でしょう。

# さっさ立てと鶴亀算

## さっさ立て

昔の人がよくした遊びに「さっさ立て」というのがあります。これを紹介してみましょう。

これはある種の数当て遊びなのですが、まず相手の人に、いくつかの碁石をわたします。もちろん、この碁石の数はあらかじめ勘定しておいて、自分は知っているのです。これを、そう二十個としておきましょう。つぎに自分はうしろ向きになるか、ま

たは目かくしをして、相手の人につぎのようにたのみます。

この碁石を一つ、または二つずつとっていくのですが、一つとっても、二つとっても、とるたびに「さあ」といいながら、一つとったときはその石を右へ、二つとったときはその石を左へおいてください。一つとる、二つとるというのは、なにも順番にする必要はありません。一つとって、一つとって、二つとって……という具合に、順番はめちゃくちゃでいいのです。

わたくしは、向こうを向くか、目かくしをしておいて、貴方の右に石がいくつ、左に石がいくつと当ててしまいます。これが「さっさ立て」という遊びです。

ひとつやってみましょう。相手の人が「さあ、さあ、さあ、さあ、さあ、さあ、さあ、さあ、さあ、さあ、さあ、さあ、さあ、さあ」

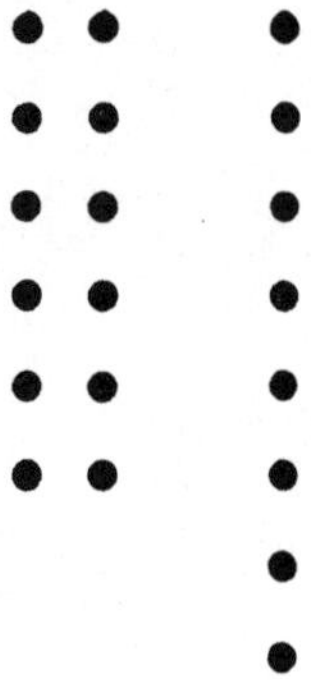

といったとしましょう。つまり「さあ」というのを十四回いったとしましょう。それなら、その人の右には石が八つ、左には石が12あるはずです。実際、上の図を見ていただけば、石の数は全部で20、そして、石をこのようにおくには「さあ」を十四回いわ

ねばならないことは明らかです。

さてその当て方ですが、これは簡単です。はじめに石は二十個あって、相手の人は「さあ」というのを十四回いったのです。このときには、まずこの20から14を引いて

20－14＝6

を計算します。そして答えの6を二倍して

6×2＝12

とすれば、これで相手の人の左側にある石の数がわかってしまいます。右側にある石の数を出すのには、もちろん

20－12＝8

と計算すればよいわけです。

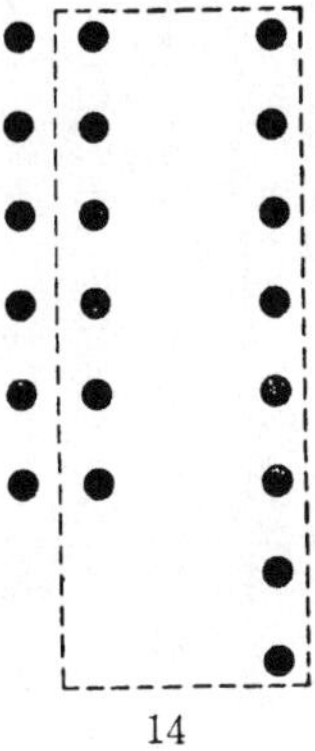

14

では、こうすれば当たってしまう理由はどうでしょう。それには上の図を見ていただきましょう。相手の人は石を一つとったときも「さあ」といったのです。石を二つとったときも、といったのです。そしてこの「さあ」を十四回いったのです。です

から、石を一つとったときは、石一つに対して「さあ」を一回いい、石を二つとったときは、石二つに対して「さあ」を一回いったわけです。ですから、右へおいた石の数と、左へおいた石の数の半分を足したものが、14になっているわけです。

図でいいますと、点線でかこった石の数が14になっているわけです。ですから、全体の石の数20から、この14を引いて

$$20-14=6$$

とすれば、左側へおいた石の数の半分がわかるわけです。したがって

$$6\times2=12$$

が左側へおいた石の数、残りの

$$20-12=8$$

が右側へおいた石の数と当たってしまうわけです。

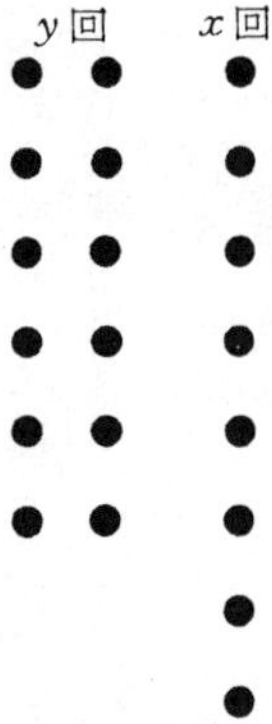

$x$回 ●●●●●●●●

$y$回 ●●●●●●<br>
　　 ●●●●●●

当たる理由は、代数で説明したほうが早い、といわれる方があるかも知れません。では代数で説明をしてみましょう。

まず、「さあ」「さあ」といいながら、$x$回は一

つとって右へおき、y回は二つとって左へおいたものとしてみましょう。そうしますと、$x$回は一つずつ、y回は二つずつおいていって、全体で石の数は二十個なのですから

$$x+2y=20$$

となります。

また、$x$回とy回、合わせて十四回「さあ」「さあ」といったのですから

$$x+y=14$$

です。

これら二つの式を並べて書きますと

$$x+2y=20 \qquad x+y=14$$

となりますから、第一の式から第二の式を引けば

$$y=6 \quad \text{したがって} \quad 2y=12$$

となりますが、これが左へおかれた石の数です。また

$$x=20-2y=20-12=8$$

ですが、これは右へおかれた石の数です。

## 鶴亀算

さて、いまお話した「さっさ立て」は、この前の章の最後に申し上げた鶴亀算「鶴と亀が合わせて十ぴきいます。そして足の数はみんなで二十六本であるといいます。鶴と亀はそれぞれ何びきずついるのでしょう。」に似ているとお思いになりませんか。そう、実は同じ種類の問題なのです。

ところで右のような鶴亀算の解法を、わたくし自身はつぎのように教わりました。ちょっと先生のまねをしてみましょうか。

「エエかな、今日の算術（むかしは算数のことを算術といいました）の時間には、鶴亀算というのを教えてあげよう。オホン。

ここに鶴と亀が合わせて十ぴきおる。ところがその足の数をかぞえてみると、足の数はみんなで二十六本あった。しからば、鶴と亀はそれぞれ何びきずつおるか、というのが、いわゆる鶴亀算じゃ。

どうじゃ、わかるかな、みんなわからんような顔をしとるな。よろしい、しからば今日は、この鶴亀算を解くための秘法中の秘法ともいうべき方法を教えてやろう。こうするのじゃ。

鶴と亀が合わせて十ぴき、足の数は全部で二十六本あるというのじゃが、いまもし、この鶴と亀が、もし全部鶴であるとしたら、足の数はどうなる。足が二本の鶴が十ぴきおるというのじゃから、足の数は

$$2\times10=20$$

ということになる。

ところが、実際には足の数の総数は二十六本だというのであるから、これでは足の数に

$$26-20=6$$

のくいちがいができてしまう。

このくいちがいはどこからきたかといえば、実際には鶴と亀がまざっているのに、これらを全部鶴と思ってしまった、つまりいくつかの亀を鶴と思ってしまったところからきている。

ところで、ほんとうは亀であるものを、鶴ととりちがえると、そのたびに足の数は

何本ずつくいちがってくるかな、四本足のある亀を二本足のある鶴ととりちがえるのであるから

4－2＝2

本ずつくいちがってくるわけである。

ところが、全部を鶴と思ってしまうと、足の数は六本くいちがってくるというのであるから、何回亀を鶴ととりちがえたかといえば

6÷2＝3

つまり三回亀を鶴ととりちがえたことになる。したがって亀の数は三びきとなる。

鶴の数は、もちろん全体の十ぴきからこの三びきを引いた

10－3＝7

つまり七ひきである。これで、鶴が七ひき、亀が三びきという答えが出たわけであるが、ためしをしてみようか。

7＋3＝10

全部で十ぴきというのは合っている。足の数は

2×7＋4×3＝14＋12＝26

つまり二十六本でこれも合っている。よって鶴は七ひき、亀は三びきというのが答えじゃ。

どうじゃ、鶴亀算の解き方がわかったかな。」

どうです。みなさんもおわかりになりましたか。しかしこれは、鶴亀算のだいぶ古い解法のようにわたくしは思います。ですから、みなさんにはもう少し新しい解法をお話ししておきましょう。それはこうするのです。

いま、鶴と亀が合わせて十ぴきおり、その足の数は合わせて二十六本だというのですが、ここで鶴も亀も全部二本ずつ足をひっこめてしまったと考えてみましょう。十ぴきの鶴と亀とが、それぞれ二本ずつの足をひっこめたのですから、全部で何本の足をひっこめたかといえば

$$2\times10=20$$

つまり二十本の足をひっこめたことになります。

ところが、足は最初全部で二十六本あったというのですから、何本

の足がひっこまずに残っているかといえば、それは

26－20＝6

つまり六本です。

ところで、鶴は、二本の足を二本ひっこめたのですから、もう足はありません。亀は四本の足を二本ひっこめたのですから、二本ずつ足が残っているわけです。

これらを合わせて六本になるというのですから、亀の数は

6÷2＝3

つまり三びき、したがって鶴の数は

10－3＝7

つまり七ひきということになります。

さて、このつぎには、「掛け算世界めぐり」というお話をしようと思うのですが、その前に、掛け算に関係のあるつぎの問題を考えてごらんにな

りませんか。

$$\begin{array}{r} AB \\ \times \quad 9 \\ \hline CCC \end{array}$$

これは、AジュウBに9を掛けたら、CヒャクCジュウCになったという掛け算ですが、このA、B、Cはみんなちがう数字です。このA、B、Cを当ててください。

# 掛け算世界めぐり

わたくしたちは、小学校の二、三年生のころ、掛け算の九九を習いました。この九九を覚えてしまうのは、決してやさしいことではありませんでしたが、それでもわたくしたちは、この九九のおかげで、どんな数同士の掛け算でも自由にできるようになったわけです。

ですから、この九九を全然知らないか、または知っていても一部しか知らなかったら、掛け算はずい分大へんだろうということは容易に想像されます。

これから、この九九をまだよく知らなかった昔の人たちが、どんなに苦心をしていたかということを、いろいろな国の人についてお話してみようと思います。

## フランスの掛け算

フランスのパリ、そのパリから南の方へまいりますと、ピレネー山脈にぶつかりますが、そのピレネー山脈の北側の高原地帯はオーベルニュ地方とよばれています。このオーベルニュ地方のお百姓さんたちは、ちょっとかわった掛け算をします。たとえば、一つ八サンチームの卵を九個売ってその値段を計算するのに、つぎのようにします。

8×9

を計算するのに、まず左手には、8から5を引いた三本の指を折ります。そして右手には、9から5を引いた四本の指を折ります。

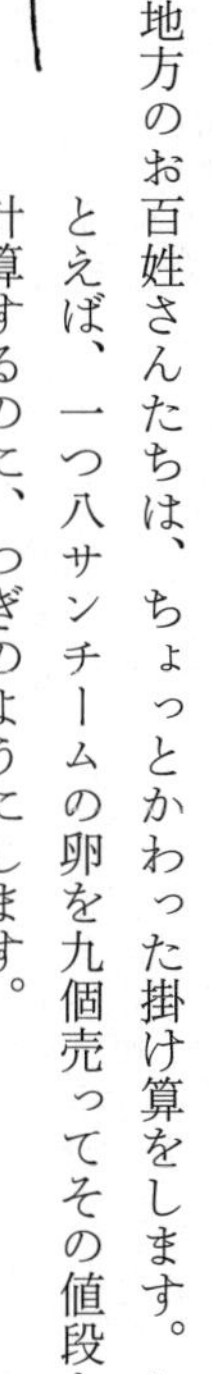

そうしますと、左手には、三本の指が折られて、二本の指が立っています。また右手には、四本の指が折られて、一本の指が立っています。そうすれば、折った指の

数を加えた

3＋4＝7

が答えの十位の数字、立っている指の数を掛けた

2×1＝2

が答えの一位の数字、よって

72

が答えというのです。この方法で

7×8

を計算しようと思えば、指を上のように折って、折った

指の数2と3を加えて

2＋3＝5

が答えの十位の数字、立っている指の数3と2を掛けた

3×2＝6

が答えの一位の数字、したがって答えは

56

とすればよいのです。

なぜこのような方法でうまく掛け算の答えがでるかという理由を、代数を使って説明してみましょう。まず、掛けられる数を

$$5+x$$

としますと、$x$が左手に折った指の数です。また掛ける数を

$$5+y$$

としますと、$y$が右手に折った指の数です。

さて、これら二つの数の掛け算は

$$(5+x)(5+y)=25+5(x+y)+xy=10(x+y)+25-5(x+y)+xy$$

$$=10(x+y)+(5-x)(5-y)$$

とも書けます。

ところが、$x$と$y$とは、左手と右手に折った指の数ですから

$$10(x+y)$$

は、折った指の数を加えたものの十倍です。他方

$$5-x \qquad 5-y$$

は、それぞれ、左手と右手に立っている指の数です。したがって

$(5-x)(5-y)$

は、左手と右手に立っている指の数を掛けたものです。

こういうわけで、左手と右手に立っている指の数を十位の数字、左手と右手に立っている指の数を掛けたものを一位の数字とするものが答えとなるわけです。

## ロシアの掛け算

ところで、同じヨーロッパでも、昔のロシアのお百姓さんたちはつぎのように掛け算をしていました。

ロシアのお百姓さんが、ハラショウ、ハラショウと、豊作をよろこんでいます。なにしろ一俵三十五ルーブルもする綿が、今年は五百三十二俵もとれたのですから。さて、このお百姓さんは、全体でいくらになるかと、35掛ける532を、つぎのように計算しました。

まず、掛けられる35と、掛ける532を左のように並べておき、左の35はつぎつぎ

と2で割り、右の532はつぎつぎと二倍していきます。しかし左のほうでは、2で割るとき、もし端数が出れば、その端数は遠慮なくきり捨てていきます。

| | |
|---|---|
| 35 | 532 |
| 17 | 1064 |
| 8 | 2128 |
| 4 | 4256 |
| 2 | 8512 |
| 1 | 17024 |

こうしておいてお百姓さんは、左のほうの数で奇数のものにしるしをつけ、その右にある数を加えてしまいます。

$$\begin{array}{r} 532 \\ 1064 \\ +17024 \\ \hline 18620 \end{array}$$

こうして加えた答えがこの掛け算の答えだというのです。ちょっとためしてみましょうか。

```
     3 5
×  5 3 2
───────
     7 0
   1 0 5
 1 7 5
───────
 1 8 6 2 0
```

でたしかに合っています。さて、このような計算法の合っている理由をたしかめてみましょう。まず、35掛ける532は

$$35\times532=(17\times2+1)\times532$$
$$=17\times2\times532+532=17\times1064+532$$

と書けます。ですから、前の表で、35掛ける532は、17掛ける1064に、その上の532を加えたものに等しくなっています。

| | |
|---|---|
| 35 | 532 |
| 17 | 1064 |

さて、そのつぎの17掛ける1064は

$$17\times1064=(8\times2+1)\times1064$$
$$=8\times2\times1064+1064=8\times2128+1064$$

と書けます。ですから、前の表で、17掛ける1064は、8掛ける2128に、その上にある1064を加えたものに等しくなっています。

| | |
|---|---|
| 35 | 532 |
| 17 | 1064 |
| 8 | 2128 |

さて、そのつぎの8掛ける2128は

$$8\times2128=4\times2\times2128=4\times4256$$
$$=2\times2\times4256=2\times8512=1\times17024$$

と書けますから、前の表で、8掛ける2128は、4掛ける4256に等しく、4掛ける4256は、2掛ける8512に等しく、2掛ける8512は、1掛ける17024に等しいわけです。

| | |
|---|---|
| 35 | 532 |
| 17 | 1064 |
| 8 | 2128 |
| 4 | 4256 |
| 2 | 8512 |
| 1 | 17024 |

したがって、最初の35掛ける532は、532と1064と、17024を加えたものに等しくなっているわけです。

## イタリアの掛け算

さて、いままでのフランスの掛け算とロシアの掛け算は、どうもまだ九九をよく知らない人のする掛け算のようです。

しかし、九九をよく知っていれば、すぐわたくしたちがいまするように掛け算ができるかというと、そうでもないようです。では、イタリアのベニスの商人のする掛け算を紹介してみましょう。この掛け算の形は、ベニスの町の窓に使われている格子に似ているので、格子掛け算ともよばれています。

ベニスのある商人が、船でトルコから帰ってきました。そしてその船のなかには、一つ九百三十四リラもするトルコの金貨を三百十四枚ももって帰りました。

そこでこのベニスの商人は、これらの金貨が全部で何リラになるかを知ろうと思っています。もちろん

934×314

という掛け算をすればよいわけです。

このときベニスの商人は、左のような格子を作り、上のほうへ934、右横のほうへ314を書きます。

こうしておいてベニスの商人は、3・4、12、つぎに3・3、9、そしてさらに3・9、27と九九をいいながら、左のように格子をうめていきます。

つぎに、右下から始めて、ななめに数を加えていきます。たとえば、右下は6、その上をななめに足しますと7（4＋1＋2）、さらにその上をななめに足しますと12（2＋0＋3＋1＋6）ですから、2を書いて10はその上へ上げます。この上がった1

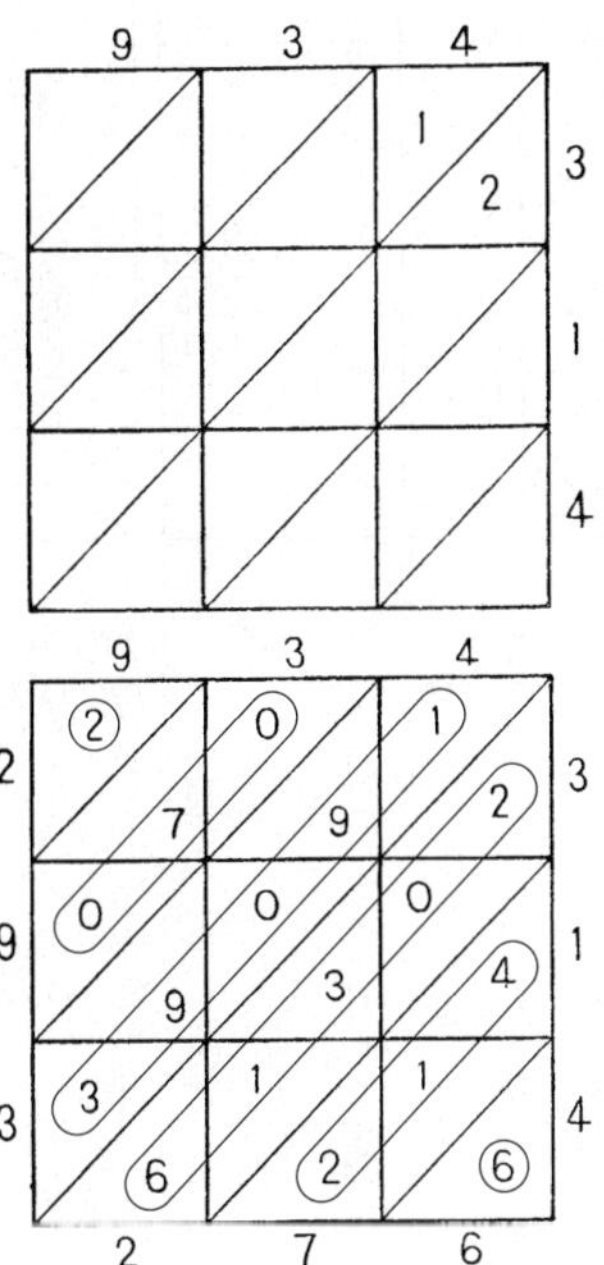


を加えますと、その上のななめの和は23ですから、3と書いて20はまたその上へ上げます。こうして、9、そのつぎは2となります。

こうして、左上から下へ、また右へ数字を読んで

293276

という答えが得られます。

つまりこのベニスの商人は、二十九万三千二百七十六リラという大金をもって帰っ

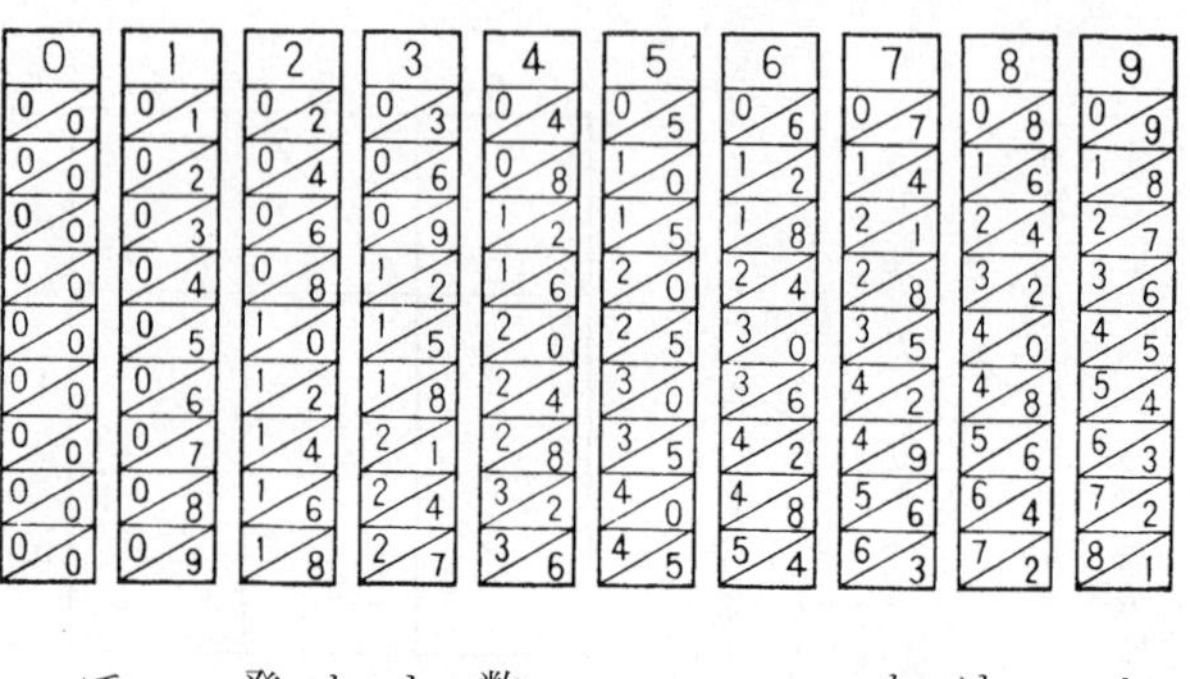

0 1 2 3 4 5 6 7 8 9
1 0/0 0/1 0/2 0/3 0/4 0/5 0/6 0/7 0/8 0/9
2 0/0 0/2 0/4 0/6 0/8 1/0 1/2 1/4 1/6 1/8
3 0/0 0/3 0/6 0/9 1/2 1/5 1/8 2/1 2/4 2/7
4 0/0 0/4 0/8 1/2 1/6 2/0 2/4 2/8 3/2 3/6
5 0/0 0/5 1/0 1/5 2/0 2/5 3/0 3/5 4/0 4/5
6 0/0 0/6 1/2 1/8 2/4 3/0 3/6 4/2 4/8 5/4
7 0/0 0/7 1/4 2/1 2/8 3/5 4/2 4/9 5/6 6/3
8 0/0 0/8 1/6 2/4 3/2 4/0 4/8 5/6 6/4 7/2
9 0/0 0/9 1/8 2/7 3/6 4/5 5/4 6/3 7/2 8/1


たことになります。

この原理はもうおわかりでしょう。われわれのする掛け算とほとんど同じですから。ただこのやり方ですと、ななめに加えるところがちょっと長くなるのが欠点です。

## イギリスの掛け算

ところで、このイタリアの格子掛け算を、イギリスの数学者ジョン・ネピーア（一五五〇―一六一七）が工夫して改良し、ネピーア・ボーンというものを発明しました。ネピーアはいまから四百年も前の人ですが、対数の発明者としても有名です。

さて、ネピーア・ボーンというのは、十枚のカードでできているのです。ちょっとみてください。

上の図がネピーア・ボーンですが、0から9までの十

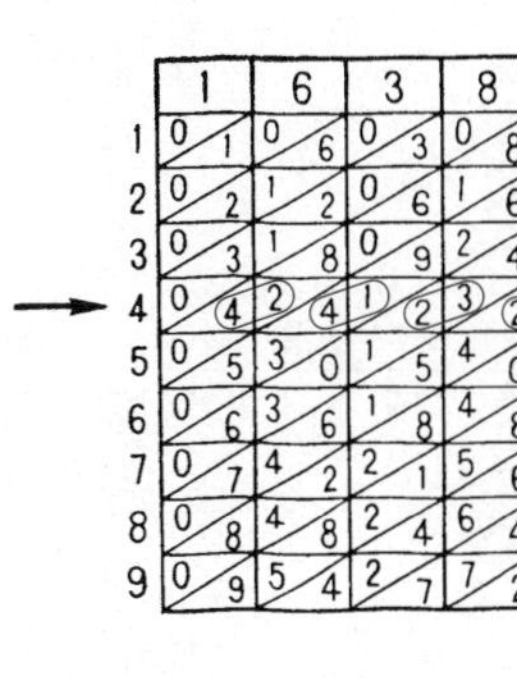

枚あります。これは実は、九九を書いた表なのです。
　さて、これを使って一つ掛け算をしてみましょう。いま

1638×4

という計算をしようと思ったとします。そのときには、このネピーア・ボーンのうち、1、6、3、8のカードをとり出して、上の図のようにおきます。そしてこれに4を掛けるというのでしたら、この並べたカードの上から四番目のところをみて、ななめに足していくのです。そうしますと

6552

となりますが、これで

1638×4＝6552

という掛け算ができたわけです。
　ではこんどは、やはりこのネピーア・ボーンを使って

1638×46

という計算をしてみましょう。

まず、前と同じように、1、6、3、8というカードを抜き出して並べ、4のところをみて、同じ計算をしますと

6552

となるわけですが、これには0をつけて

65520

としておきます。
つぎに6のところをみて同じ計算をしますと

9828

となります。こうして得られた二つを加えた

$$\begin{array}{r} 65520 \\ +\ \ 9828 \\ \hline 75348 \end{array}$$

が答えになります。これも原理はもうおわかりでしょう。第一の数は1638の四十倍、

第二の数は六倍ですから、これらを加えたものは四十六倍です。

　では最後に、この前の章の最後に申し上げた問題の解答を申し上げましょう。問題は

$$\begin{array}{r} AB \\ \times\ \ 9 \\ \hline CCC \end{array}$$

という、AジュウBに9を掛けたら、答えがCヒャクCジュウCになる掛け算で、A、B、Cはみんなちがう数字だといいます。A、B、Cを当ててくださいというのでした。

　さて、答えはCジュウCヒャクCだというのですから、それは

111　222　333　444　555　666　777　888　999

のどれかです。

ところが、これは9を掛けた答えですから、9で割り切れなければなりません。ですからこれらのうちで9で割り切れるものをさがしますと、それは

333　　666　　999

のどれかです。

ですから、これらを9で割ってAジュウBをきめますと、掛け算は

$$\begin{array}{r} 37 \\ \times\ \ 9 \\ \hline 333 \end{array} \qquad \begin{array}{r} 74 \\ \times\ \ 9 \\ \hline 666 \end{array} \qquad \begin{array}{r} 111 \\ \times\ \ 9 \\ \hline 999 \end{array}$$

のどれかということになりますが、このうち問題の要求に合っているのは

$$\begin{array}{r} 74 \\ \times\ \ 9 \\ \hline 666 \end{array}$$

だということになります。

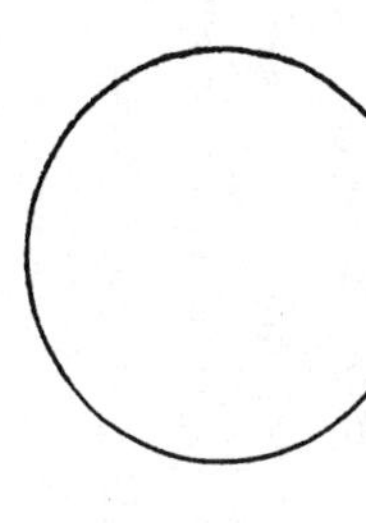

さてこのつぎには「大工さんの数学」というお話をしてみたいと思うのですが、その前につぎの問題を考えてみてくださいませんか。

上のような円が書いてあるのですが、その中心がわかりません。どんな方法でも結構ですから、この円の中心をみつけてください。

# 大工さんの数学

## 木を切り倒すまで

大工さんが、その腕をみこまれて家を建てることをたのまれれば、まず山へ木を見にいきます。そして、家を建てるのに適当な木を切り出してきます。

さて、大工さんがよさそうな木をみつけたら、それを切り倒す前に、その木のおおよその差し渡しを知らなければなりません。そんなとき大工さんはどうするでしょう。

まずある長さのヒモをとって、これでこの木の周りをはかります。そして、この木

の周りを示すヒモを、また三つに折って、それをこの木の差し渡しと考えます。

みなさんよくご存じのように、円周を直径で割ったものが円周率ですから、円周を円周率で割れば直径、この場合の差し渡しが出てくるわけです。

したがってこの大工さんは、円周率を3として計算していることになります。円周率はほんとうは

3.14　または　3.141592……

ですから、これを3としてしまうのはずい分乱暴だと思われる方もあるかも知れませんが、大工さんは、大たいの差し渡しが知りたいと思っているだけですから、これで十分間に合っているようです。

実際、大昔の人たちは、円周率を3と考えていたようです。

たとえば、ソロモンの寺院の建築の記録のなかに、大きな洗濯桶のことがのべられていますが、そのなかに

(円周)÷(直径)=(円周率)

(円周)÷(円周率)=(直径)

「直径が十エレンならば、その周囲は三十エレンである。」

という文句が見えております。

またユダヤ法典のなかにも
「周りが手の幅三つあるものの差し渡しは、手の幅一つである。」

とも書かれています。

さらに古い中国の記録にも
「内径八尺、周二丈四尺」

ということばがあります。

さて大工さんは、そのつぎに木の高さを知らなければなりません。そんなとき大工さんはつぎのようにします。

まず木の根元から適当な距離だけはなれたところで、図のようにかがんで、股の間から木のてっぺんをのぞくのです。そして、ちょうど木のてっぺんを見通せる場所で、頭の位置にしるしをつけて、木の根元からそこまでの距離をはかって、これが木の高さだというのです。

この場合、実はコツがありまして、大工さんは、股の間からのぞくその角度がちょ

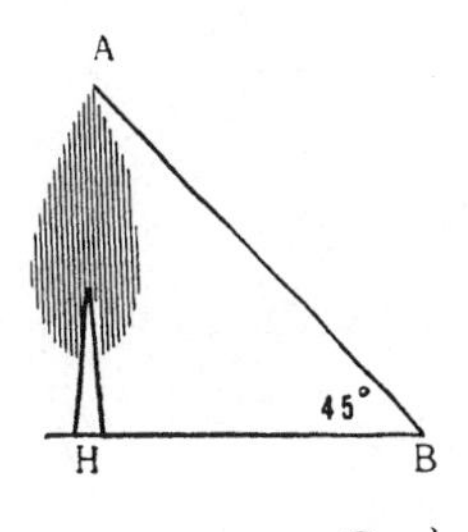


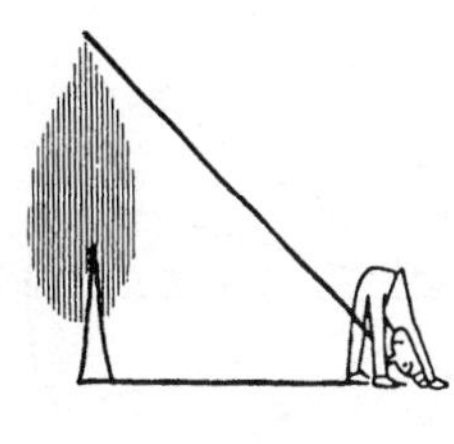

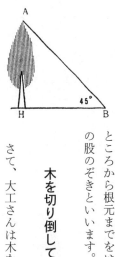

うど四十五度になるようにしているのです。実際、木のてっぺんをA、根元をH、頭の位置をBとしますと、角ABHは四十五度になるようにしているのです。角AHBはもちろん直角、つまり九十度ですから、角HABは四十五度となります。
つまり三角形HABは二等辺三角形であるわけです。したがって、HAとHBの長さは同じです。ですから、木の高さHAは、地上の長さHBをはかって求められるわけです。
このように、股の間からちょうど木の頂上が見通せるようなところから根元までをはかって木の高さを出す方法を、キコリの股のぞきといいます。

## 木を切り倒してから

さて、大工さんは木を切り倒しました。これから角材をとるわけなのですが、大工さんはまずこの切り口の円の中心を求め

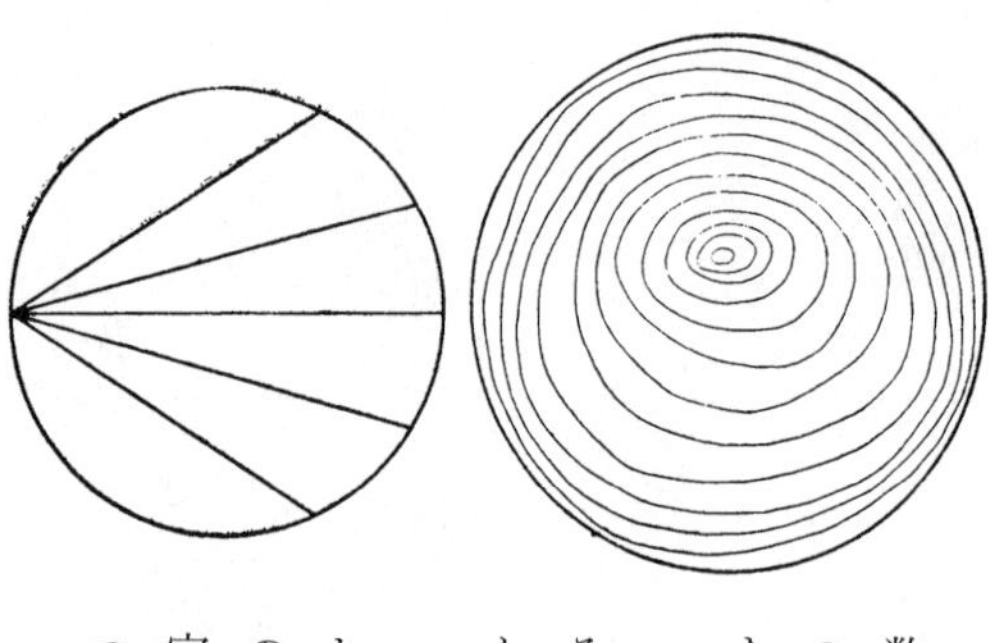

たいと思っています。大工さんはどうするでしょう。

これは実は、この前の章の最後に申し上げた問題です。数学的にいいますと、ここに円が書いてあるのだが、その中心がわからない。どうして求めるか、というわけです。

誰でもすぐ気のつくことは、もし直径が二本ひければ、その直径と直径の交わりとして中心が求まる、ということです。

それなら直径はどうしてみつけたらよいでしょう。わたくしたちは、直径というのは、弦のなかで一番長いものであることを知っています。ですから、目盛のついた定規を円に当てていろいろに動かし、一番長い場所をみつけてそれに沿って線を引けばそれが直径です。

いや、そんなやり方では不正確だ、正しくはつぎのようにすべきだという方があるかも知れません。

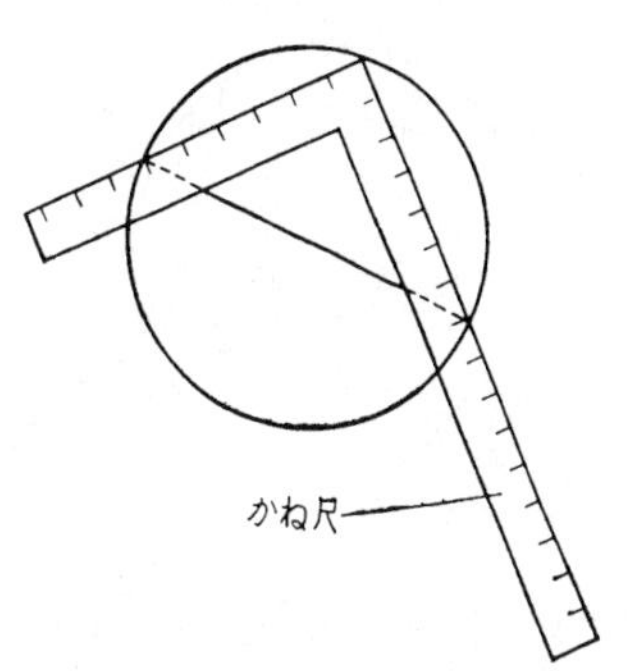


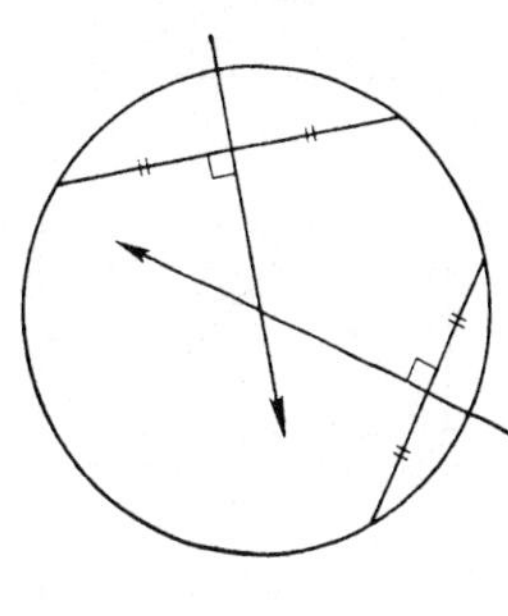

つまり、円の弦の垂直二等分線は直径になるから、二つの弦をひき、それらの垂直二等分線の交点として中心を見いだすべきだというのです。

以上のやり方はいずれも結構ですが、大工さんは、かね尺を使って、つぎのようにうまくやります。

かね尺の直角の角を、図のように円周上の点に一致させ、かね尺の辺が円周と交わるところにしるしをつけ、それらの点を結んで、これが直径であるというのです。そしてこの方法で二本の直径をひけば、それで中心が求まってしまうというのです。

これは、直径の上に立っている円周角は直角であり、直角の円周角と向かい合っている弦は直径であるという性質を利用したもので、なかなかうまい方法であると思います。

みなさんのもっておられる三角定規も一つの角は直

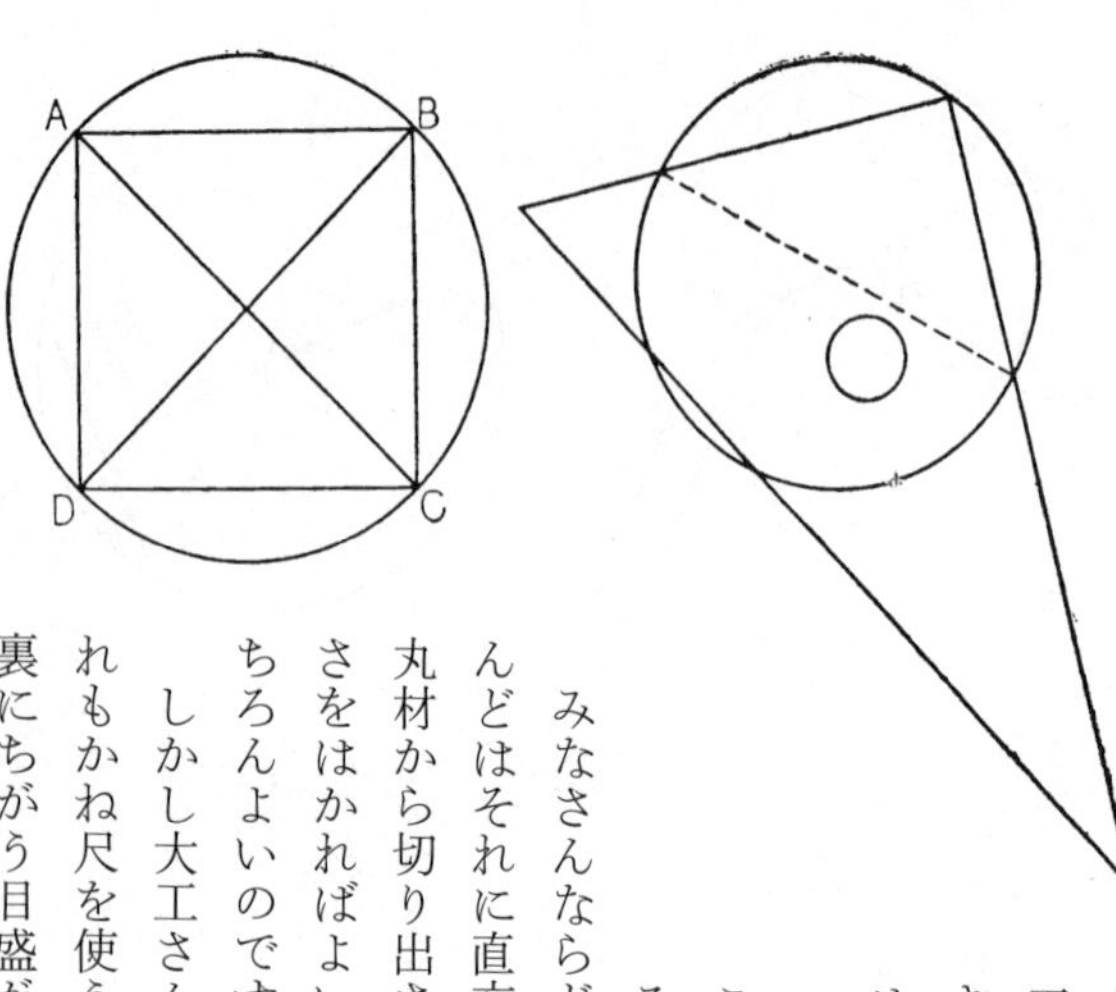


角ですから、三角定規を使っても、この大工さんのまねをして、直径をひくことができるわけです。したがって、円の中心を求めることができるわけです。

さて、大工さんにとって大せつなことは、この丸材から、一辺がいくらの角材がとれるかということです。

みなさんならどうされますか。直径が一本ひけたら、こんどはそれに直交する直径をひけば、図のＡＢＣＤがこの丸材から切り出される角材である。したがって、ＡＢの長さをはかればよいとお考えの方もあるでしょう。それでもちろんよいのです。

しかし大工さんはちょっと変わった方法を使います。それもかね尺を使う方法なのですが、そのかね尺には、表と裏にちがう目盛がついています。その一方を表目、少し間

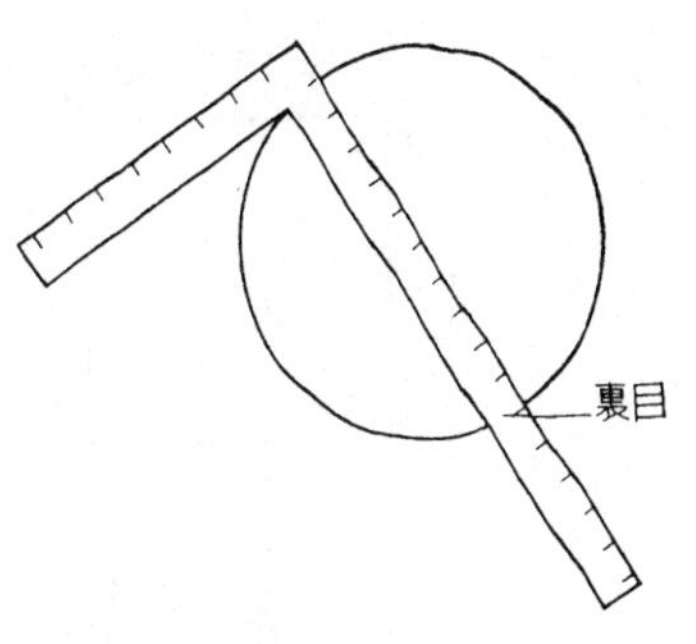


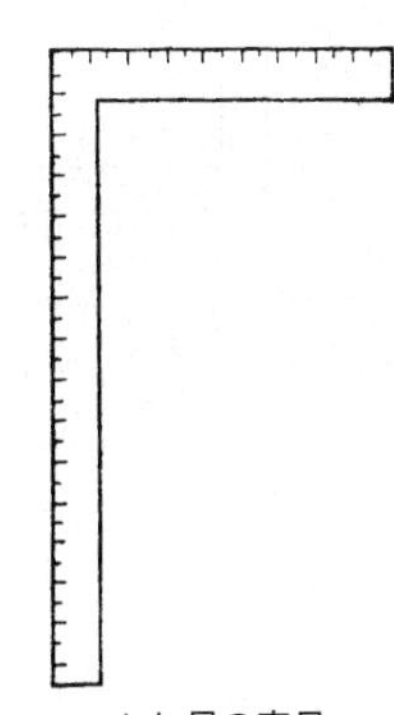
かね尺の表目

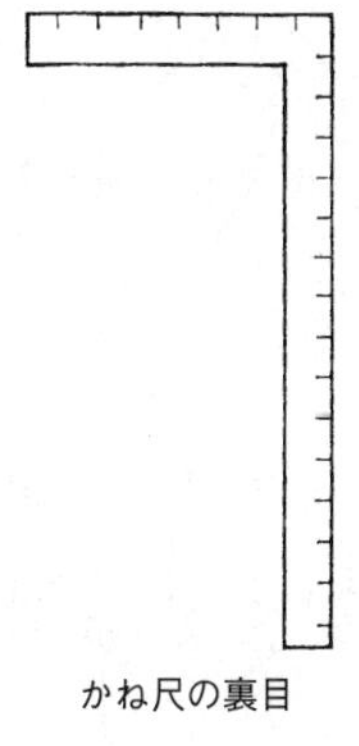
かね尺の裏目

伸びしている他方を裏目といいます。

さて大工さんのやり方というのは、この裏目を円の直径に沿って当て、この裏目でその長さを読むのです。そしてもし、その裏目で長さが二十センチあれば、この丸材からは、一辺が二十センチの角材がとれると答えを出してしまうのです。

では、この表目と裏目の関係と、どうしてこの方法で角材の一辺が出てしまうかということを説明してみましょう。

まず上の図で、三角形ABCに着目してください。この三角形の一つの頂角Bは直角で、しかもABとBCは同じ長さです。そこでピタゴラスの定理をこの直角三角形に当てはめますと

$$AC^2=AB^2+BC^2=2AB^2$$

したがって

$$AC:AB=\sqrt{2}:1$$

ということになります。したがって、表目は普通の目盛なのですが、その裏のほうへは図のように、すべてが平方根二倍された目盛をつけておくのです。これが大工さんのいう裏目です。

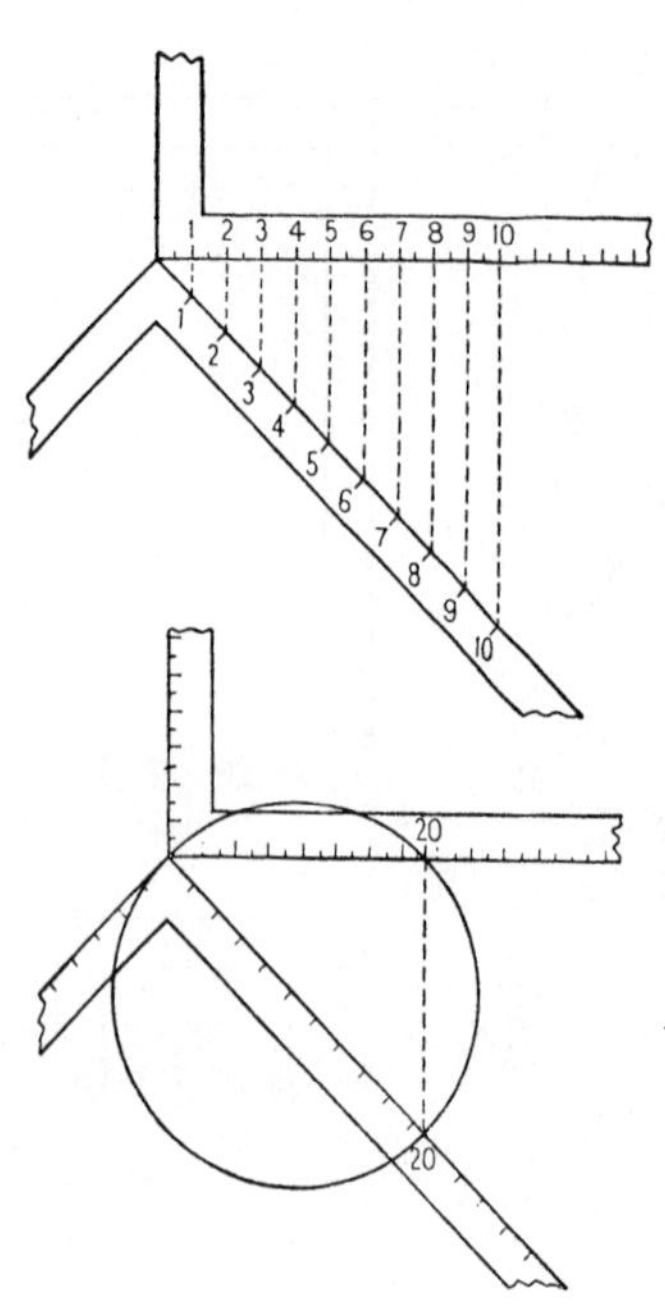

したがって、もし直径へ裏目を当てて二十センチと読めたならば、これは、図からわかりますように、実際に切り出せる角材の一辺が二十センチであることを示しているわけです。

## 平方根と立方根

わたくしたちの話に、ピタゴラスの定理が出てきましたが、これは「角Qが直角である直角三角形ＰＱＲがあれば

$$PR^2 = PQ^2 + QR^2$$

である」という定理であることはもちろんです。

しかし、日本の昔の数学者は、そして大工さんも、図でＰＱのことを股、ＱＲのことを勾、ＰＲのことを弦とよんでいました。ですから日本の古い言葉では、ピタゴラスの定理のことを、勾股弦(こうこげん)の定理ともいいます。

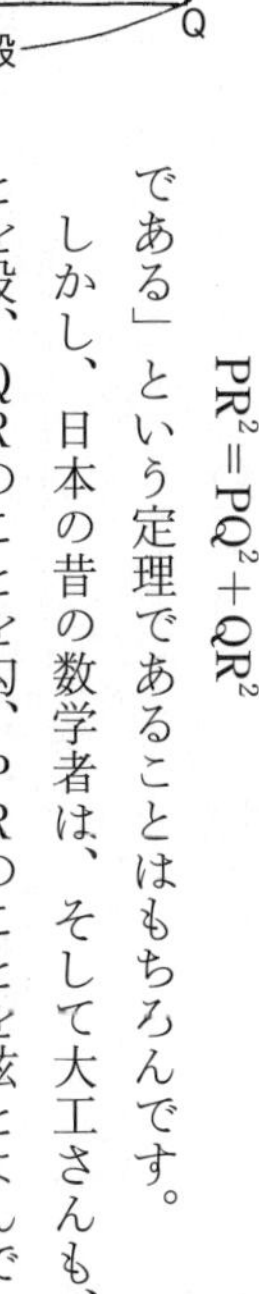


またみなさんは勾配という言葉をご存じでしょう。これはＰＲの

傾きを表わす言葉です。事実、股の長さをきめておきますと、PRの傾きは、勾が小さければ小さく、勾が大きくなればなるほど大きくなっていきます。これから、PRの傾き、すなわち

$$\boxed{\frac{QR}{PQ}}=\boxed{\frac{勾}{股}}$$

を勾配とよぶようになったものと思われます。

大工さんの言葉では、この直角三角形がよく屋根の形に出てきますので、股をハリ、勾を立ち上がり、弦をタルキといいます。

では、ハリの長さが一メートル半、立ち上がりの長さが三十センチのとき、タルキの長さはいくらでしょう。

縮図を書いてタルキの長さをはかってみるのも一つの方法ですが、ピタゴラスの定理を使うとつぎのようになります。

いま、タルキの長さを$x$メートルとしますと

$$x^2=1.5^2+0.3^2=2.25+0.09=2.34$$

となります。したがって、二・三四を平方根に開けば$x$が求まるわけ

ですが、みなさんならこの二・三四の平方根をどうして求めますか。

表をひく？　ええ、こんな場合に表というのは便利なものです。平方根の表から二・三四の平方根を求めますと

$$x=1.53$$

となります。表が手もとになかったらどうしましょう。仕方がないから平方根を求める計算をしてみる？　ええやってみましょう。

```
                1. 5  2  9
               ─────────────
 1             │2.34
 1             │1
───            │────
 25            │1.34
  5            │1.25
────           │──────
 302           │    900
   2           │    604
──────         │   ──────
 3049          │    29600
    9          │    27441
               │   ──────
               │     2159
```

したがって、$x$は大たい一メートル五十三センチであることがわかります。

では、表も手もとにない、平方根の求め方も忘れてしまったらどうしましょう。こんなときは、つぎの大工さんの方法が役にたちそうです。大工さんは、二・三四の平方根を求めるのにつぎのようにします。

まず、適当に長さの単位をきめて、この二・三四という長さを、BHのところにとります。つぎに、単位の長さを、BHの延長上に、HCのところにとります。そして、

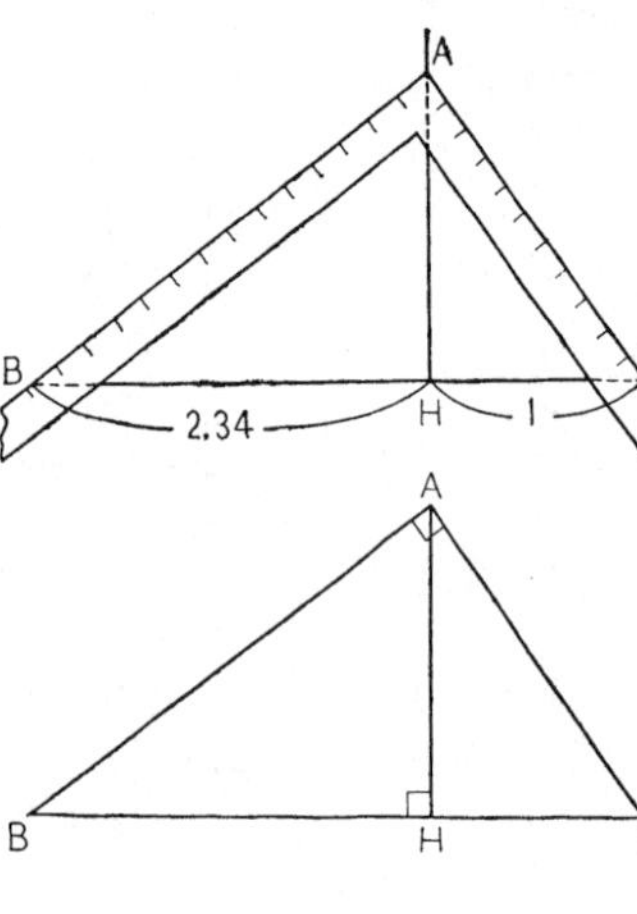


HでこのBCに垂線を立てておきます。

つぎにかね尺をとって、かね尺の角がHで立てた垂線上にき、他の二辺がそれぞれBとCを通るように、つまり図のようにかね尺をおきます。こうしておいて大工さんは、かね尺の角Aにしるしをつけ、AHの長さをはかるのです。そして

AH＝1.53

と出れば、これが二・三四の平方根だというのです。理由はおわかりでしょうか。

角Aが直角である直角三角形ABCの頂点Aから斜辺BCへおろした垂線の足をHとしますと

$$AH^2=BH \cdot HC$$

という性質があるのですが、この大工さんのやり方は、この定理を使っているのです。この定理で、BHの長さは二・三四にとってあり、HCの長さは1にとってあるのです。したがって

$$AH^2=2.34 \cdot 1=2.34 \qquad AH=\sqrt{2.34}$$

で、AHの長さがちょうど二・三四の平方根になっているというわけです。

さて、ある大工さんが、ある真四角な箱のちょうど二倍の体積をもった真四角な箱を作ってくださいという注文を受けたとしましょう。

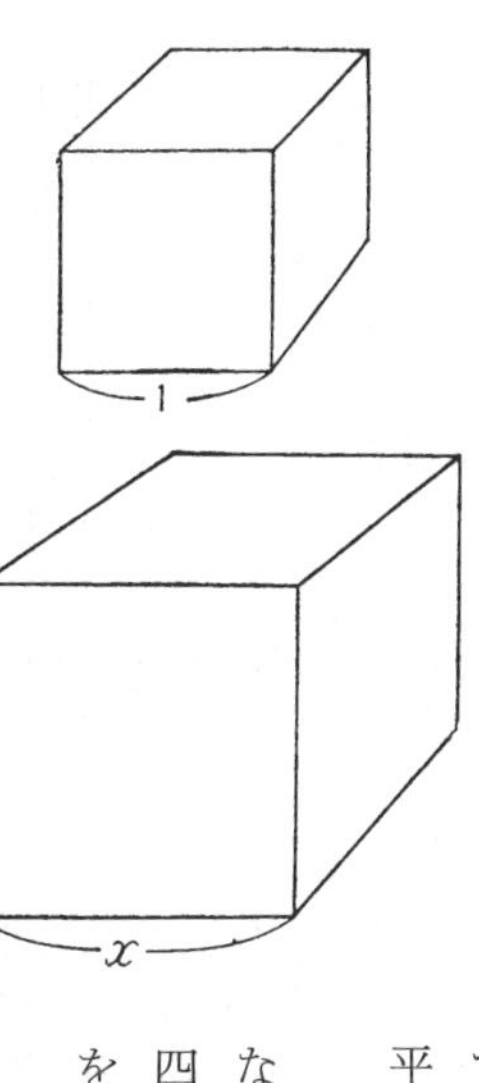


最初の箱の一辺を1、作ろうとする箱の一辺を$x$としますと、この注文は

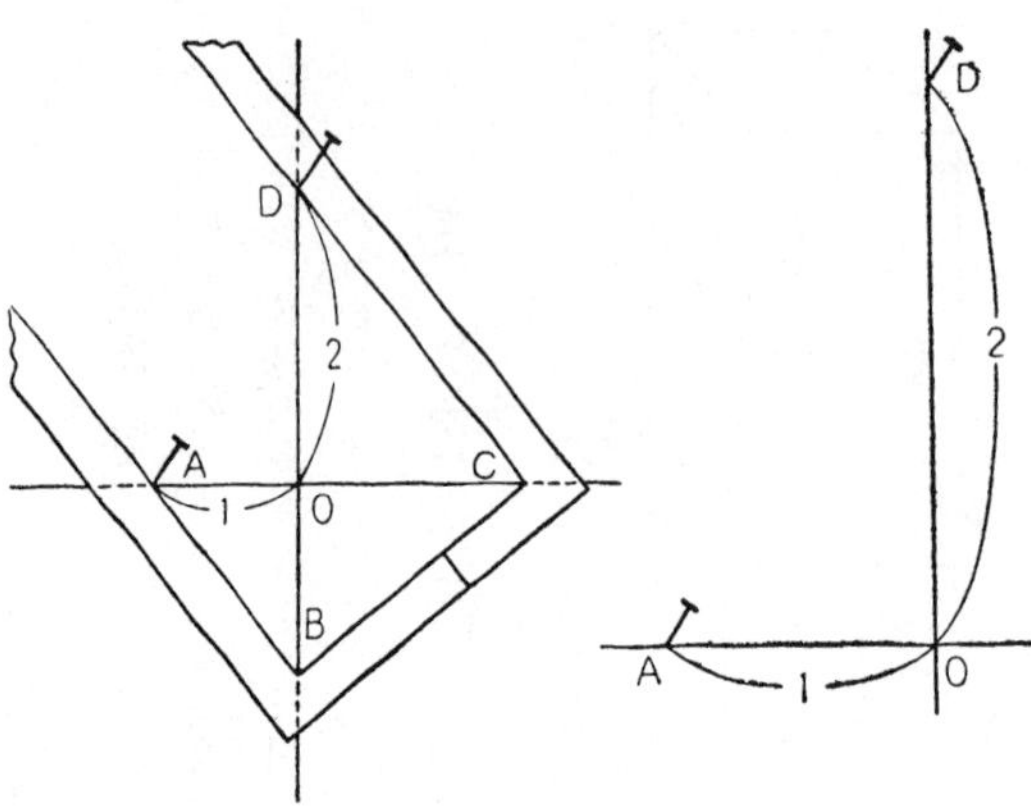


つまり2の立方根を求める問題になります。

$$x^3=1^3\times 2 \qquad x^3=2 \qquad x=\sqrt[3]{2}$$

みなさんならどうやって2の立方根を求めますか。表をひく？　ええ表をひくで結構です。表をひきますと

$$\sqrt[3]{2}=1.2599$$

と出てきます。

ところが大工さんは、あい変わらずかね尺を使って、しかもかね尺を二つ使ってこの立方根2をつぎのように出してしまいます。

まず、点Oで直角に交わる二本の線を引いて図のように、単位を適当にとって、OAが1になるような点Aと、ODが2になるような点Dを定めて、このAとDに釘を打ってしまいます。

さて、二つのかね尺をとりあげて、それらを図のように、つまり、ABとBCが垂直、BCとCDが垂直になるようにおくのです。こうしてB、Cにしるしをつけ、OBの長さをはかりますと、OBの長さがちょうど立方根2になっているというのが大工さんのやり方です。実際このやり方でOBの長さをはかってみますと

$$OB = 1.26$$

です。

その理由は、前の直角三角形の性質を使えばすぐわかります。

まず三角形ABCは角Bが直角の直角三角形ですから

$OB^2 = OA \cdot OC$　したがって　$OB^4 = OA^2 \cdot OC^2$

です。

他方、三角形BCDは角Cが直角の直角三角形ですから

$$OC^2 = OB \cdot OD$$

したがって

$$OB^4 = OA^2 \cdot OC^2$$

$OC^2 = OB \cdot OD$　から　$OB^3 = OA^2 \cdot OD$

ところが、ＯＡの長さは1、ＯＤの長さは2ですから

$OB^3=2$　したがって　$OB=\sqrt[3]{2}$

となるからです。

さて、つぎには「9は楽のたね」というお話をしようと思うのですが、その前につぎの問題を考えてごらんになりませんか。

左の計算は、ＡジュウＢからＢジュウＡを引いた計算です。したがって、ＡはＢより大きいわけです。

$$\begin{array}{r} AB \\ -\,BA \\ \hline 3\square \end{array}$$

その答えの十位の数字は3とわかっています。そこで問題は、この答えの一位の数字を当ててください、というのです。

# 9は楽のたね

## アラビア人の家で

あるアラビアのお金持が、お客様を招待しました。
アラビア人「これこれ誰かおるか。」
侍女「はいはい旦那様、何かご用でございますか。」
アラビア人「お客様をお迎えするしたくはできたかな。」
侍女「はい、もうすっかり。お客様は九人でございましたね。ちゃんとしたくはできております。」
アラビア人「タバコはあるかな、果物はどうじゃ。」
侍女「それはまだでございます。」
アラビア人「ではな、一人に葉巻三本ずつ、リンゴ五つずつ、バナナ七つずつ買ってきておくれ。」
侍女「そうすると旦那様、いったいいくつずつ買ってくればいいのでしょう。」
アラビア人「九人前だから、九を掛ければよいのじゃ、葉巻は三・九の二十七本、リンゴは五・九の四十五、バナナは七・九の六十三本じゃ。」
侍女「待ってください旦那様、わたくしそんなむずかしい掛け算はとてもできません。」
アラビア人「わからんか、数に弱いなあ、手を出してごらん、手を。」
侍女「はい。」
アラビア人「九を掛ける掛け算はいとも簡単じゃ。まず両手をひろげる。3に9を掛けたいときは、左からかぞえて三番目の指を折る。そうすると、折った指の左に二本の指、右に七本の指があるから、これで答えは

27

とわかるのじゃ。」

侍女「アラ、ほんとう、では旦那様、5に9を掛けるときはどうするのでございますか。」

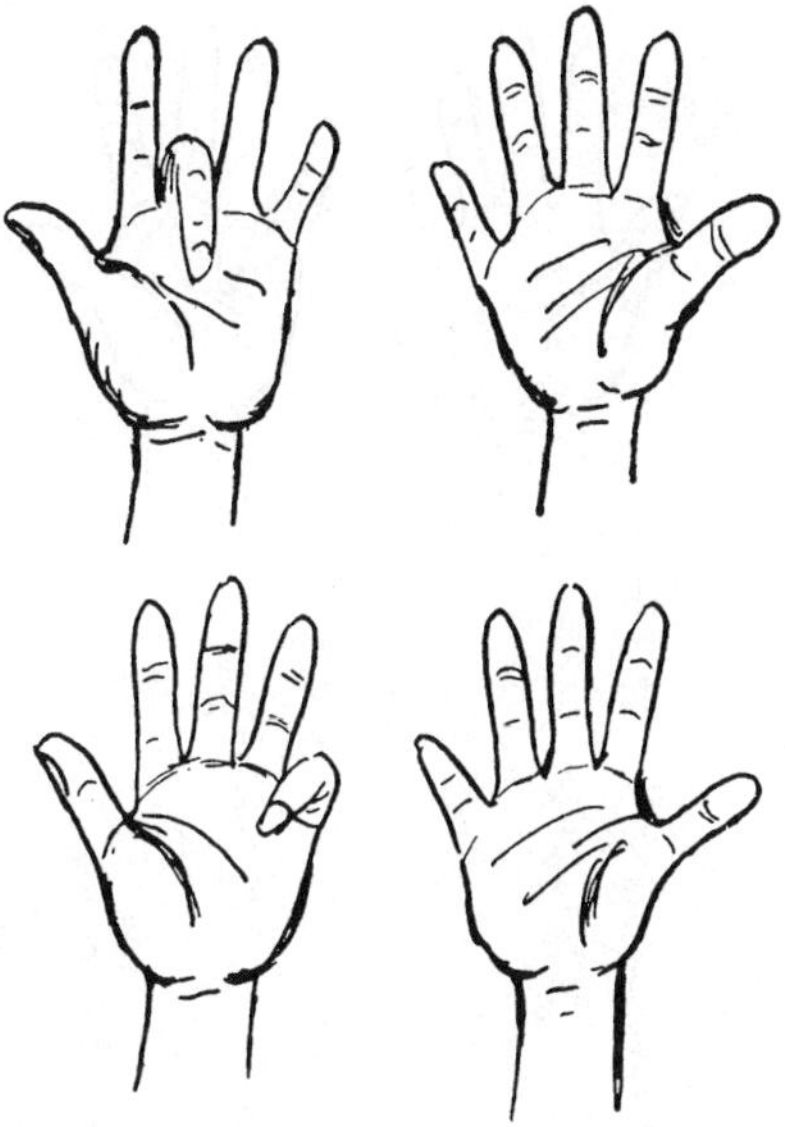

アラビア人「同じことじゃ、やはり両手をひろげて、こんどは左からかぞえて五番目の指を折る。そうすれば、折った指の左に四本の指が立っており、右に五本の指が立っているから、答えは

45

じゃ。」

侍女「では旦那様、7に9を掛けるときは、このように左

から、七番目の指をおり、その左に六本、右に三本立っているから、7に9を掛けた答えは、

63

でよろしいのでしょうか。」

アラビア人「そうそう、それでよいのじゃ、7・9の63じゃからな。」

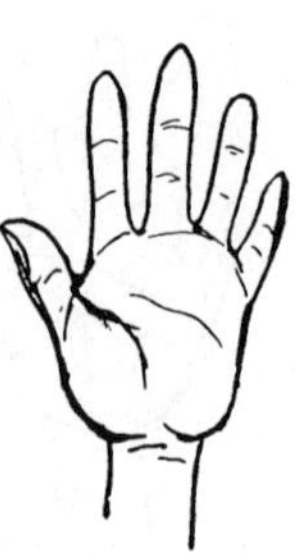

さて、みなさんは、このアラビア人の掛け算の正しい理由がおわかりになりますか。これは

1×9=9
2×9=18
3×9=27
4×9=36
5×9=45
6×9=54
7×9=63
8×9=72
9×9=81

という、9の段のかけ算の表を思い出していただけば、よくわかると思います。

つまり、ある数に9を掛けた答えの十位の数字は、その数よりも1少なく、しかも、

答えの十位の数字と一位の数字を加えたものは9になっているということを利用した方法であるわけです。

では、ある一位の数に9を掛ければ、その答えの十位の数字はその数より1少なく、しかも答えの十位の数字と一位の数字を加えたものは、いつも9となっているという理由はどうでしょう。その理由を考えてみましょう。まず

$$1\times9=9$$

は問題になりませんから

$$2\times9=18$$

から考えてみましょう。

いったいある数を九倍するということは、その数を十倍して、もとの数を引くということです。ですから、

$$2\times9=2\times10-2=20-2$$

と考えられます。これを、二十円から二円引く計算と考えてみます。そして、まず、十円玉二つがここにあるとします。

これから二円を引きたいのですが、このままでは引けませんから一つの

十円玉を一円玉十個と両替えします。そうすると、最初、二個であった貨幣は何個になるでしょう。十円玉一個と一円玉十個を入れ替えたのですから、貨幣の数は九個増して

2+9

個になっているわけです。

さて、こうしておけば二円が引けますから、一円玉二つを引き去りますと貨幣の数はいくつになるでしょう。もちろん

2+9−2=9

で、九個になるわけです。十円玉と一円玉を合わせて九個あるということは、

18

の1と8を加えれば9になるということです。これで、2に9を掛けた答え18の十位の数1は2より1少なく、

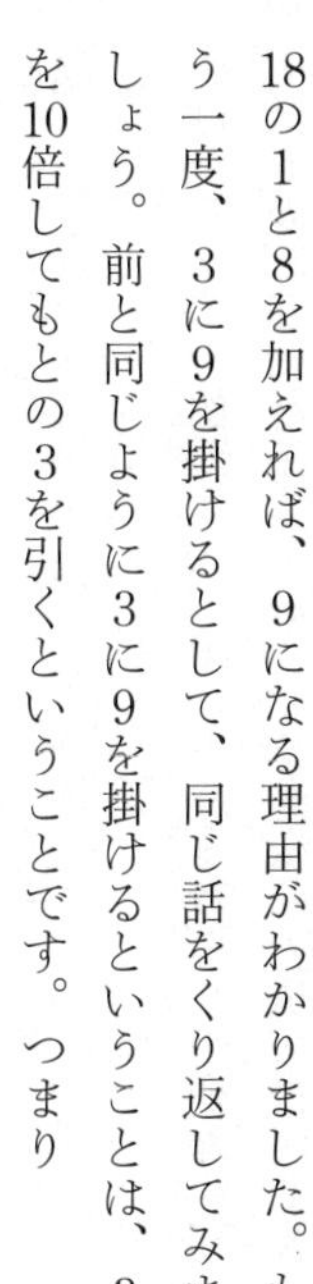

18の1と8を加えれば、9になる理由がわかりました。もう一度、3に9を掛けるとして、同じ話をくり返してみましょう。前と同じように3に9を掛けるということは、3を10倍してもとの3を引くということです。つまり

$$3\times9=3\times10-3=30-3$$

です。

ここでこの引き算を三十円から三円を引く計算と考えてみます。そしてまず十円玉が三つここにあるとしてみます。これから三円を引きたいのですが、このままでは引けませんから、一つの十円玉を一円玉十個と両替えします。

そうすると、最初三個であった貨幣は何個になるでしょう。十円玉一個と、一円玉十個とを入れ替えるのですから、貨幣の数は九個増して

$$3+9$$

個になっているわけです。

さて、こうしておけば三円が引けますから、一円玉三つをとり去りますと、貨幣の数はいくつになるでしょう。もちろん

3＋9－3＝9

で、やはり九個になるわけです。このように、十円玉と一円玉とで合わせて九個あるということは

27

の2と7を加えれば9になるということです。これで、3に9を掛けた答え27の十位の数字2は3より1少なく、27の2と7を加えれば9になる理由がわかりました。

以下

4×9＝36
5×9＝45
6×9＝54
7×9＝63
8×9＝72
9×9＝81

でも、ある一位の数に9を掛けた答えの十位の数は、掛けられる数より1少なく、十位の数字と一位の数字を加えたものは9になることが、全く同様の方法で説明されます。

さて、このことを代数で説明してみましょう。まずある数を$n$とし、これに9を掛けることを考えますと、

$$n\times 9=n\times 10-n=(n-1)\times 10+10-n$$

と書けるわけですから、

$$\underbrace{(n-1)}_{\text{十位}}\times 10+\underbrace{10-n}_{\text{一位}}\qquad (n-1)+(10-n)=9$$

答えの十位の数字は、掛けられる数$n$より1少ない$n-1$であり、十位の数字と一位の数字の和は、たしかに9になっています。

## 侍女のまちがい

では、さきほどのアラビア人と侍女の話のつづきを聞いてください。

アラビア人「これこれ誰かおらぬか。」

侍女「はい。」

アラビア人「今日作ったドーナッツ、とてもお客の間で評判がよくてな、みんな食べきってしまった。お客様はもっと欲しそうな顔つきをしておられるぞ。」
侍女「それはそれは。」
アラビア人「あれはたしか58作ったのじゃったな。」
侍女「はい、旦那様のお言葉どおり58作りました……と申し上げたいところでございますが、実はまことに申しわけないことに、58と85をとりまちがえまして、ドーナッツは85作ってしまったのでございます。」
アラビア人「なに、58をまちがえて85ドーナッツを作ってしまったと。」
侍女「はい、まことに申しわけございません。」
アラビア人「いやいや、ちょうどよい。その残りのドーナッツをのこらず九人のお客様におみやげとしてさし上げるがよい。」
侍女「でも旦那様、ちょうど九人分になりますかしら。」
アラビア人「なにをいうか。二桁の数字をとりまちがえれば、そのちがいはいつでも9で割り切れるのじゃよ。」
侍女「えっ、ほんとうですか旦那様。」

アラビア人「ではやってみい。

$$\begin{array}{r} 85 \\ -58 \\ \hline 27 \end{array}$$

となって答えは27、だから9で割り切れるじゃろ。」

侍女「あらあら、まあふしぎ。」

アラビア人「二桁の数字をとりちがえたときはいつもこうなるんじゃよ。」

さて、このアラビア人のいうことはほんとうでしょうか、ちょっとためしてみましょうか。

$$\begin{array}{r} 84 \\ -48 \\ \hline 36 \end{array} \qquad \begin{array}{r} 83 \\ -38 \\ \hline 45 \end{array} \qquad \begin{array}{r} 82 \\ -28 \\ \hline 54 \end{array} \qquad \begin{array}{r} 81 \\ -18 \\ \hline 63 \end{array} \qquad \begin{array}{r} 91 \\ -19 \\ \hline 72 \end{array}$$

どれも答えは9で割り切れます。

ところで、これはどういう理由からでしょう。その理由を、やはり十円玉と一円玉

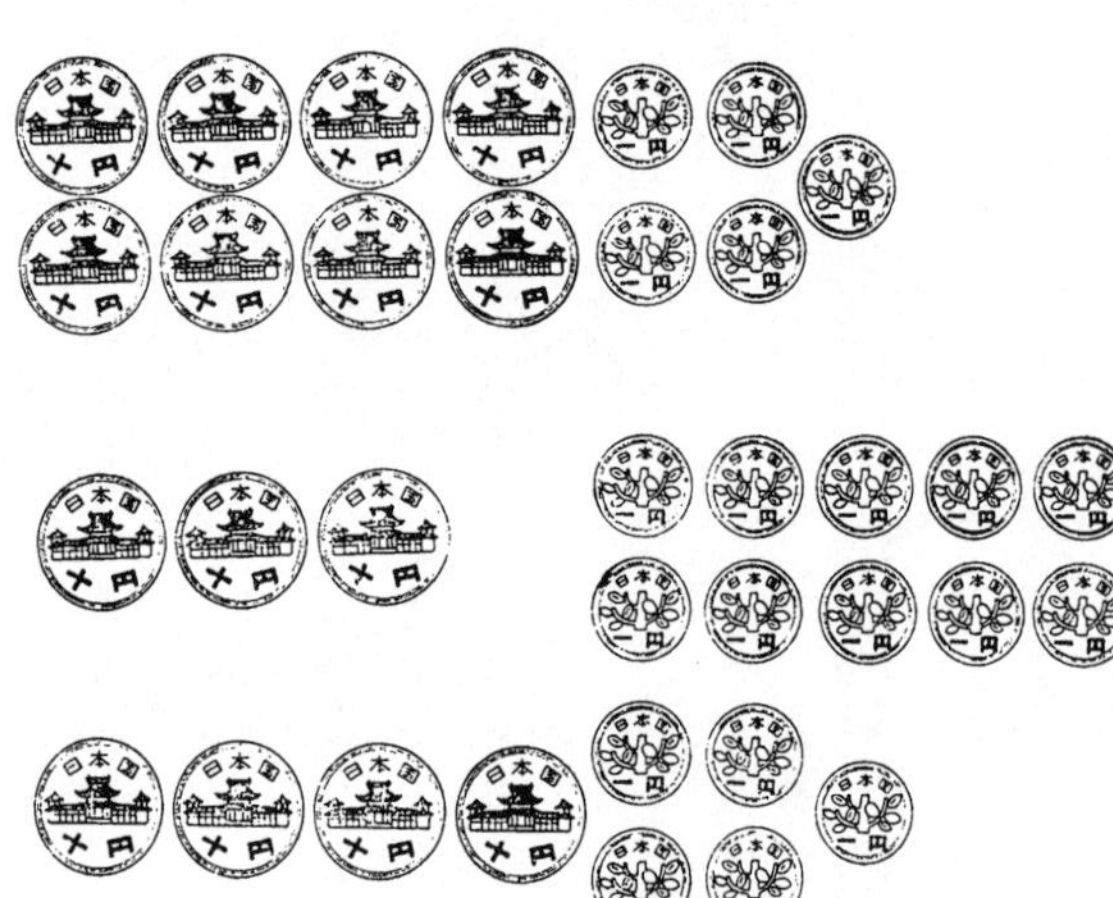

を使って考えてみましょう。

まず、アラビア人と侍女の話に出てきた85引く58を例にとってみましょう。85を八十五円と考えて、ここに、十円玉八つと、一円玉五つがあるとします。ここに貨幣の数は全部で

$$8+5=13$$

あるわけです。

これから五十八円を引きたいのですが、一円玉は五つしかありませんから八円という端数は引けません。そこでこの八十五円の十円玉一個を、一円玉十個と両替えすることにします。そうしますと、貨幣の数は、九枚増して、

$$13+9$$

だけあるわけです。

さて、これから五十八円を引くのですから、十円玉のほうは、七枚から五枚を引いて二枚残ります。また一円玉のほうは十五枚から八枚を引いて七枚残ります。したがって、十円玉二枚と一円玉七枚とで、答えは二十七円となるわけです。

ところでここで大せつなことは、もと

13＋9

枚あった貨幣から、五十八円、つまり

5＋8＝13

枚の貨幣をとり去ったのですから、ここには

枚の貨幣が残っているということです。

13＋9－13＝9

このように、最後には、十円玉と一円玉とを合わせて九枚の貨幣が残るということは、

18　27　36　45　54　63　72

などのように、答えは、十位の数字と一位の数字を加えたものが9の数になっているということです。このような数が9で割り切れることはもう知っています。以上のことを代数で説明してみますとつぎのようになります。

考えている引き算は、

$$\begin{array}{r} A\ B \\ -\ B\ A \\ \hline \end{array}$$

という形の引き算ですが、AジュウBというのは

10A＋B

と書けます。またBジュウAというのは

10B＋A

と書けます。これらを引いてみますと

$(10A+B)-(10B+A)=9A-9B=9(A-B)$

したがって答えは、ある数と9を掛けたものになります。つまり9で割りきれるわけです。したがって、答えの十位の数と一位の数を加えたものは9になっているわけ

です。

さてこのことを知っていますと、この前の章の最後に申し上げた問題

$$\begin{array}{r} A\,B \\ -\,B\,A \\ \hline 3\,\square \end{array}$$

の「□のなかをうめてください。」はすぐできてしまいます。なぜといって、3とこの□を加えたものは9になっていなければならないのです。したがって□のなかは6です。したがって

$$\begin{array}{r} A\,B \\ -\,B\,A \\ \hline 3\,\boxed{6} \end{array}$$

が答えです。ところでみなさんはどうなさいました？

$$\begin{array}{r} A\,B \\ -\,B\,A \\ \hline 3\,\square \end{array}$$

をみますと、十位のところがうまく引けているのですから、もちろんAのほうがBより大きいわけです。ですから、一位のところはそのままは引けないわけです。つまり、十位のところから1借りているわけです。ですから、十位のところは、Aではなくて

A－1

からBを引いているわけです。ですから

(A－1)－B＝3　　したがって　　A－B＝4

であることがわかります。

さて一位のところですが、十位から1をかりて引き算をしたのですから、

(10＋B)－A＝□

となっているわけです。これを書き直しますと

10－(A－B)＝□

ここでAからBを引いたものは4であることを思い出しますと

10－4＝□　　　6＝□

となって□のなかがわかります。

## 酒飲みの亭主とその女房

昔々、大へんな酒飲みの亭主とその女房がいました。酒飲みの亭主のインチキにほとほと閉口した女房は、あるときお寺の和尚さんのところへ相談にいきました。

女房「もしもし和尚さん、算数に強いあなた様のお智恵をチョッピリわけてくださいませんか。

　実はわたしの亭主は大へんな酒好きでございまして、わたしが内職に作った笠を町へ売りにいったときは、どうも売ったお金をごまかしては一杯やるらしいのでございます。」

和尚「ほほう、それはいかんですな。」

女房「一本百文もするお酒を二、三本はやるらしいのですが、どうもシッポがつかめないのでございます。」

和尚「でも、売れた笠の値段と笠の数を掛けてみれば、いくらごまかしたかわかるわけではないのかな。」

女房「ところがわたしは数に弱くて、足し算はできますが、掛け算は全然できないものですから、いつもいいようにごまかされてしまいます。
実は明日もまた亭主ができた笠を町へ売りにいくんです。お金をごまかすのを何とか見破る方法はないものでございましょうか。」

和尚「ふーむ、いま笠はいくつあるのかな。」

女房「いま19できております。」

和尚「それが一ついくらくらいに売れますかな。」

女房「何でも一つ四十文から五十文にはなるらしいのです。」

和尚「よろしい、あなたは足し算はできますな。」

女房「でも50から上になりますとどうも。」

和尚「ではな、こうしよう。
19の笠のうちから、一つだけは家へ残しておいて、18の笠をもたせておやりなさい。」

女房「18の笠を町へもって行かせるんですね。」

和尚「そしてそれからは……。」

こうして和尚さんは、この女房に何かうまいことを教えました、そしてこの女房に

| 9 |
|---|
| 18 |
| 27 |

と書いた紙を渡しました。

こちらは亭主です。

亭主「うっふっふ、今日もチョッピリごまかして、二本キューッと飲んでやった……いい女房だが、どうも算数に弱いところが玉にきずというわけか。おーいいま帰ったぞ。」

女房「おや……お前さんまた飲んできたね。」

亭主「いや、これは八五郎のやつがおごってくれたんだよ。笠を売ったお金には全然手をつけちゃいないよ。はいこのとおり。笠は全部売れたよ。ほら、六百四十六文だ。」

女房「六百四十六文？　ええとちょっとおまち。」

亭主「おや、暗算でもやるっていうのかい、そんな顔をして、へえー、掛け算なんか知らないくせに。」

女房「うるさいね、ちょっとおまち、ええと、6足す4で10、その10足す6で16。」
亭主「ぷっ、笑わしちゃいけないよ、六百四十六文を、6足す4足す6とは何だい。それじゃ足し算じゃないか。足し算している間は、おれのインチキはばれっこないと、うふふ……。」
この間に女房は、和尚さんからもらった紙

| 9 |
|---|
| 18 |
| 27 |

を出してながめました。
女房「9と18と27、このなかには16なんてのはないわ。お前さん、お金をごまかして、お酒を二本飲んできたね。」
亭主「えっ、そ、そんなこと、どうしてわかるんだ。」
女房「白状おし、この紙にちゃんと書いてあるんだよ。」
亭主「なあんだ、数字だけじゃないか、これでどうしてお酒を二本飲んできたとわかった？」
女房「笠を売ったお金が六百四十六文だったから、その6と4と6を足してみたん

です。足した数は、ここに書いてある

| 9 |
|---|
| 18 |
| 27 |

のどれかになるはずだと和尚さんから教わったんです。ところが足したら16になったんです。この紙切れのなかには16というのはありません。18に二つ足りませんから、それでお前さんが二本お酒を飲んだとわかったのですよ。」
亭主「へえ、和尚さんはすごい算数の手品を知っているもんだなあ。」
女房「それをみーんな教わってしまったんだよ。さあもうお前さんなんかにごまかされはしないから。」
亭主「やれやれ、和尚さんはとんでもないことを教えてくれたもんだ。」
さて、この和尚さんが女房に教えた算数の手品の種明かしをしてみましょう。それは、つぎのことがもとになっているのです。すなわち
(1)　9で割り切れる数は、そのそれぞれの位の数字を加えたものも9で割り切れる。
(2)　それぞれの位の数字を加えたものが9で割り切れれば、もとの数も9で割り切

れる。

たとえば、

7857

という数は、

```
     8 7 3
9 ) 7 8 5 7
    7 2
      6 5
      6 3
        2 7
        2 7
          0
```

ですから、たしかに9で割り切れます。それなら、それぞれの位の数字を加えた

$7+8+5+7=27$

も、また9で割り切れる、というのが(1)です。また

7857

が9で割り切れるかどうかを知りたいときには

$7+8+5+7=27$

という計算をして、この27が9で割り切れるから、もとの数も9で割り切れるとい

ってよいというのが(2)です。

または、27という答えが出たら、さらに

$$2+7=9$$

という計算をして、この9は9で割り切れるから27、したがって最初の数も9で割れると断定してよいというのが(2)です。

その理由はつぎのように考えるとよくわかります。

$$7857=1000\times7+100\times8+10\times5+7$$
$$=(999+1)\times7+(99+1)\times8+(9+1)\times5+7$$
$$=999\times7+99\times8+9\times5+(7+8+5+7)=(9\text{の倍数})+(7+8+5+7)$$

したがって、もし

$$7857$$

が9で割り切れれば、すなわち9の倍数であれば、

$$7+8+5+7$$

も9の倍数、したがって9で割り切れなければなりません。逆に、

$$7+8+5+7$$

が9で割り切れれば、すなわち9の倍数であれば、

7857

は9の倍数と9の倍数を加えたものですから、やはり9の倍数、したがって9で割り切れなければなりません。

さて、前の和尚さんは、女房に、笠が19できているのに、その一つは家へおいておいて、18の笠を亭主にもたせてやるようにいいました。ところが

18＝2×9

です。ですから笠の売り上げは、

（笠一つの値段）×18＝（笠一つの値段）×2×9

になるはずです。したがって、この売り上げは9で割り切れる数になるはずです。

他方女房は、笠は四十文から五十文に売れるといっていました。ですから、売り上げは、

最小　40×18＝720　　最大　50×18＝900

で、三桁の数になるはずです。ですから結局、笠の売り上げは、9で割り切れる三桁の数になるはずです。

ですから、９で割り切れる三桁の数の、それぞれの位の数字を加えたものは

| 9 | 18 | 27 |
|---|---|---|

のどれかになるはずなのです。和尚さんは女房に、実はこのことを教えたのです。

ところが酒飲みの亭主は、笠の売り上げは

646文

だといいました。ここでそれぞれの位の数字を足してみますと

6＋4＋6＝16

で、９にも18にも27にもなりません。ですから、亭主は売り上げをごまかしているということが女房にわかってしまったわけです。

しかも、16は18に２だけ足りないわけですから、亭主はきっと、百のところを２だけごまかしたのだろう。つまり二百文だけごまかしたのだろう。一杯百文のお酒を二本飲んできたなと、女房は見破ってしまったというわけです。

さて、このつぎには「インスタント掛け算とインスタント検算」というお話をしようと思うのですが、その前にちょっとつぎの問題を考えておいてください。

$$AB-(A+B)=3\square$$

上の式はAジュウBからA足すBを引いたら、三十いくつになったという式です。

この□のなかはいくつかあててください。

# インスタント掛け算とインスタント検算

## インスタント掛け算

みなさんは、道ばたで学生がしているつぎのような講釈をおききになったことはありませんか。

「さあ便利な掛け算、インスタント掛け算ですよ。諸君この本に書いてあるのは数に強くなる秘訣だ。

入学試験は数学のでき不できで合否がきまる。数に強いサラリーマンは必ず出世できる。世はまさに数学時代、ところが、いままでの算数はいかにもまわりくどくて、しちめんどうくさい。

そこでここにできたのが専売特許のインスタント方式というものだ。掛け算などは、インスタント・ラーメンをツルツルと食べるよりももっと早くできてしまう。たとえばここに

$$\begin{array}{r} 36 \\ \times\ 34 \\ \hline \end{array}$$

という掛け算の問題があったとする。諸君ならどうするかな。

$$\begin{array}{r} 36 \\ \times\ 34 \\ \hline 144 \\ 108\phantom{0} \\ \hline 1224 \end{array}$$

とするであろう。それでもちろんよろしいが、これでは時間がかかってしようがない。

ところがこのインスタント方式では、そんなめんどうなことはしない。まず一位の6と4を掛けて6・4は24であるから

```
  3 6
×3 4
-----
  2 4
```

と書いてしまう。

そしてそのつぎが秘訣であるが、十位の3と3ではなくて、3と、3に1を加えた4とを掛けて、3・4は12であるから

```
    3 6
  ×3 4
-------
1 2 2 4
```

と書いて、これで答えが出てしまう。」

さてみなさんは、なぜこんなことをしても正しい答えが出てくるか、その理由がおわかりですか。

これは実は、二桁の数と二桁の数を掛けるときに、一位の数字を加えたものが10になり、十位の数字が同じときに使っていい方法なのです。たとえば

$$\begin{array}{r} 56 \\ \times 54 \\ \hline \end{array}$$

はたしかに一位の数字の和は10、十位の数字は同じですから、このインスタント方式でやってみますと

$$\begin{array}{r} 56 \\ \times 54 \\ \hline 3024 \end{array}$$

となります。つまり、6と4を掛けて24、5と5に1を加えた6を掛けて30ですから、それらを並べて書いて右のようになります。

ためし算をしてみましょう。

$$\begin{array}{r} 56 \\ \times 54 \\ \hline 224 \\ 280\phantom{0} \\ \hline 3024 \end{array}$$

でたしかに合っています。

そこで、一位の数字を加えたものが10、十位の数字が同じときには、こんなやり方で計算をしてよいという理由を考えてみることにいたしましょう。

まず、掛けられる二桁の数を

$$10A+B$$

としますと、掛ける二桁の数は

$$10A+D$$

という形に書けるわけです。ところが、一位の数を加えたものは10ですから

$$B+D=10$$

という条件がついているわけです。

さて、ここでこれら二つの数の掛け算を代数で計算してみますと

$$(10A+B)(10A+D)=100A^2+10A(B+D)+BD$$

となります。ところが

$$B+D=10$$

ですから、これを代入しますと

$$(10A+B)(10A+D)=100A^2+100A+BD=100A(A+1)+BD$$

となります。ところがこれは、BとDを掛けたものを一位と十位のところに書き、AとA足す1を掛けたものを百位のところへ書けば答えが出てしまうことを示しています。

さて、もしこの学生が、

$$\begin{array}{r} 3\ 6 \\ \times\ 3\ 4 \\ \hline \end{array}$$

$$\begin{array}{r} 5\ 6 \\ \times\ 5\ 4 \\ \hline \end{array}$$

$$\begin{array}{r} 7\ 2 \\ \times\ 7\ 8 \\ \hline \end{array}$$

$$\begin{array}{r} 8\ 1 \\ \times\ 8\ 9 \\ \hline \end{array}$$

というような計算ばかりをやっていたのでは、お客様に一位の数字を加えたものが10、十位の数字が同じものでなければこのインスタント方式はだめと思われてしまいます。

そこで学生は、

「いやいや、これはまだ序の口、もっと複雑な場合でもこのインスタント方式は有効ですぞ。たとえば

$$\begin{array}{r} 6\ 3 \\ \times\ 4\ 8 \\ \hline \end{array}$$

というのでも、このインスタント方式でOKですぞ。みなさんなら

```
    6 3
  × 4 8
  -----
  5 0 4
2 5 2
-------
3 0 2 4
```

とされるであろうが、このインスタント方式では、前と同じで

```
    6 3
  × 4 8
-------
3 0 2 4
```

と、3・8で24とすぐ下へ答えを書き、つぎは6と下の4に1を加えた5を掛けて、6・5で30と、またその左へ答えを書けばそれでOKじゃ。もう一つやってみよう。

```
  9 6
× 3 8
-----
```

はどうじゃろう。インスタント方式では

```
    9 6
  × 3 8
3 6 4 8
```

と、6・8で48、9と3足す1の4を掛けて36と、すぐ答えが出てしまう。

みなさんのやり方の

```
    9 6
  × 3 8
  7 6 8
2 8 8
3 6 4 8
```

とくらべれば、このインスタント方式がいかにありがたいかは一目瞭然であろう。

さあさあ、この本にはいまのようなことがいっぱい書いてある。しかも値段はたったの五十円、さあさあお早いほうが勝ですよ。お早いほうが勝ですよ。」さて

```
  6 3
× 4 8
```

と

```
  9 6
× 3 8
```

とは、この学生さんのいうインスタント方式でうまくいきました。では

```
  76
×34
```

というのを、この学生さんのいうインスタント方式でやってみますと、6・4で24、7と3に1を足した4を掛けて28ですから

```
  76
×34
2824
```

となりますが、これを普通の方法でやりますと

```
  76
×34
 304
228
2584
```

ですから、この場合、インスタント方式はまちがっているということになります。つまり、この学生さんのいうインスタント方式は、いつでも使えるものではないということがわかります。

では、どんな場合にこのインスタント方式が使えるのでしょうか。いま考えているのは

$$\begin{array}{r} AB \\ \times\ CD \\ \hline \end{array}$$

の形の掛け算ですが、ここで

$$BC=A(10-D)$$

という条件があるときにだけ、このインスタント方式は有効なのです。たとえば

$$\begin{array}{r} 63 \\ \times\ 48 \\ \hline \end{array} \quad \text{では} \quad 3\times4=6\times(10-8)$$

が成り立っています。また

$$\begin{array}{r} 96 \\ \times\ 38 \\ \hline \end{array} \quad \text{では} \quad 6\times3=9\times(10-8)$$

が成り立っています。ところが

$$\begin{array}{r} 76 \\ \times\ 34 \\ \hline \end{array}$$

では　$6\times3\neq7\times(10-4)$

です。では

$$\begin{array}{r} AB \\ \times\ CD \\ \hline \end{array}$$

という掛け算で、もし

$BC=A(10-D)$

が成り立っていれば、BとDを掛けたものを一位に書き、AとCに1を加えたものとの積を百位のところへ書いて答えとしてもよい、という理由を考えてみましょう。

AジュウBは

$10A+B$

CジュウDは

$10C+D$

と書けますから

ここへ

$$(10A+B)(10C+D)=100AC+10AD+10BC+BD$$

$$BC=A(10-D)$$

を代入しますと

$$(10A+B)(10C+D)=100AC+10AD+10A(10\text{-}D)+BD$$
$$=100AC+100A+BD=100A(C+1)+BD$$

この式は、BとDを掛けたものを一位に、AとCに1を加えたものとの積を百位に書けばよいことを示しています。

## インスタント検算

まず、この前の章のおしまいに申し上げた問題の解答から考えてみましょう。問題は、

左の式はAジュウBからA足すBを引いたら、三十いくつになったという式です。

「この□のなかはいくつか当ててください。」

AB－(A＋B)＝3□

というのでした。

さて、AジュウBを

AB

と書くのは、実は感心しない方法なのです。正しくは

10A＋B

と書くべきであることは、みなさんもうおわかりのことと思います。そうしますと

AB－(A＋B)

というのは、正しくは

10A＋B－(A＋B)

と書くべきだということになります。そうしますと、この式は計算の結果

10A＋B－(A＋B)＝9A

となってしまいます。

これは、AジュウBからAプラスBを引いたものは、9の倍数であることを示して

います。

ところがわたくしたちは、９の倍数というものは、その数字の和がまた９の倍数であることを知っています。ですから、その答えが

3□

というなら、□のなかは６でなければならないわけです。

さて、いま出てきました

10A＋B−（A＋B）＝9A　は　10A＋B＝9A＋（A＋B）

と書き直せます。

ところが、この式は、AジュウBが、９の倍数とAプラスBを加えたものに等しいことを示しているのですから、これはまた、AジュウBを９で割った余りは、AプラスBを９で割った余りと同じであることを示しています。

たとえば67を９で割れば

$$\begin{array}{r} 7 \\ 9\overline{)\,67} \\ 63 \\ \hline 4 \end{array}$$

と、4が余ります。

他方67の6と7を加えますと13ですが、この13を9で割れば

$$\begin{array}{r} 1 \\ 9\overline{)\,13} \\ 9 \\ \hline 4 \end{array}$$

と同じ4が余ります。

また、13を9で割った余りをだすのに、この1と3を加えて

$1+3=4$

としてもよいわけです。

さてこのことは、なにも二桁の数でなくても、何桁の数ででも成り立ちます。つまり、ある数を9で割った余りは、その数を作っている各位の数字を加えたものを9で割った余りと同じになるのです。たとえば

75263

を9で割れば

$$\begin{array}{r} 8362 \\ 9\overline{)75263} \\ \underline{72}\phantom{000} \\ 32\phantom{00} \\ \underline{27}\phantom{00} \\ 56\phantom{0} \\ \underline{54}\phantom{0} \\ 23 \\ \underline{18} \\ 5 \end{array}$$

と5が余ります。他方

$$7+5+2+6+3=23$$

を9で割りますと

$$\begin{array}{r} 2 \\ 9\overline{)23} \\ \underline{18} \\ 5 \end{array}$$

でやはり5が余ります。この5はまた

$$2+3=5$$

として出してもよいわけです。ではその理由を考えてみましょう。

$$
\begin{aligned}
75263 &= 10000\times7+1000\times5+100\times2+10\times6+3\\
&= (9999+1)\times7+(999+1)\times5+(99+1)\times2+(9+1)\times6+3\\
&= (9999\times7+999\times5+99\times2+9\times6)+(7+5+2+6+3)\\
&= (9\text{の倍数})+(7+5+2+6+3)
\end{aligned}
$$

このように、正の整数は、9の倍数と、その各位の数字を加えたものとの和になっているのです。したがって、ある正の整数を9で割った余りは、その各位の数字を加えたものを9で割った余りと同じになるわけです。

このことを使いますと、インスタント検算ともいうべきものができますから、それをお話してみましょう。いま

$$
\begin{array}{r}
9432\\
1357\\
+\,8342\\
\hline
19131
\end{array}
$$

という計算があったとしましょう。これが合っているかどうかをためすのに、まず加

えられたそれぞれの数を9で割った余りを求めます。それには、それぞれの数を作っている数字を加えて、それを9で割った余りをみつければよいわけです

9+4+3+2=18

1+3+5+7=16

8+3+4+2=17

ですから、これらの数を9で割った余りは、それぞれ

0　7　8

です。これらの余りは

1+8=9　　1+6=7　　1+7=8

を9で割った余りと考えてもよいわけです。

また、どうせ9で割った余りを問題にしているのですから、加えている途中で9または9の倍数が出てきたら、それは忘れてしまってもよいわけです。たとえば

9+4+3+2

を計算するとき、最初の9はとばして、4足す3足す2で9、よって9で割った余りは0としてもよいわけです。また

1+3+5+7

を計算するとき、1足す3足す5まできて、9となったら、それを忘れてしまって、足す7、だから9で割った余りは7としてもよいわけです。最後の

8+3+4+2

の計算でも、8を抜かして、3足す4足す2で9、だからその9は忘れて最初の8だけをとり、9で割ったときの余りは8、と答えてよいわけです。いずれにしても、それぞれの余りは0と7と8になりましたから、それらを加えますと15、その15を9で割った余りは6ということになります。

したがって、これら三つの数を加えた答えを9で割った余りは6となるべきなのです。したがって、この答えの

19131

を9で割った余りを別に求めてみます。それには

1+9+1+3+1　または　1+1+3+1

を9で割った余りを出せばよいわけです。これは6ですから、前の結果と合っています。この種のインスタント検算のやり方は、九去法と

$$
\begin{array}{r}
9\,4\,3\,2 \cdots 0 \\
1\,3\,5\,7 \cdots 7 \\
+\,8\,3\,4\,2 \cdots 8 \\
\hline
1\,9\,1\,3\,1 \phantom{\cdots 0}
\end{array}
\left.\begin{array}{l} \\ \\ \\ \end{array}\right\} 15 \cdots 6
$$

よばれています。

この九去法は、掛け算の検算にも使えます。たとえば

$$238 \times 476 = 113288$$

という掛け算の検算をしてみましょう。まず

$$238 = (9\text{の倍数}) + (2+3+8)$$

$$476 = (9\text{の倍数}) + (4+7+6)$$

ですから

$$238 \times 476 = [(9\text{の倍数}) + (2+3+8)] \times [(9\text{の倍数}) + (4+7+6)]$$

$$= (9\text{の倍数}) + (2+3+8) \times (4+7+6)$$

したがって

$$238 \times 476$$

を9で割った余りは、それぞれの数を9で割った余り、つまり

$$2+3+8 \quad \text{と} \quad 4+7+6$$

を掛けたものを9で割った余りに同じになるわけです。したがって

$$238 \times 476$$

を9で割った余りは

$(2+3+8)\times(4+7+6)=13\times17$

を9で割った余り、つまり

$(1+3)\times(1+7)=4\times8=32$

を9で割った余り、つまり

$3+2=5$

と等しいはずです。他方、答えの

113288

を9で割った余りは

$1+1+3+2+8+8=23$

を9で割った余り、つまり

$2+3=5$

に等しいわけですが、これは前の余りと一致しています。

このように、問題のほうを9で割った余りと、答えのほうを9で割った余りとの両方を計算して、それらが合っていれば、この計算はまあ合っているというのがこの検

算です。この検算は

$$238 \times 476 = 113288$$

$$13 \times 17 \qquad 23$$

$$4 \times 8 \qquad \underline{5}$$

$$32$$

$$\underline{5}$$

と書くと便利でしょう。

　さてつぎには「点は点です」というお話をしたいと思うのですが、その前にちょっとつぎのことを思い出しておいてください。音楽では

♩

という音符を四分音符といって、一拍かぞえることはご存じでしょう。では

♩.

と、その横に点を一つ打ったら、これは何拍でしょう。また

♩..

と、その横に二つ点を打ったら何拍でしょう。

いずれも♩を1として分数で表わしてみてください。

# 点は点です

まず、前の章の最後に申し上げた音楽の音符の話から始めましょう。次ページの上の譜は有名なカチューシャの楽譜の最初の部分です。

このなかには  がよく出てきますが、これは  を一拍として、その一拍より、一拍の半分だけ長く歌いなさいという意味、つまり

りんごのはなほころび
Lento
アベマリーアわがーきー

♩. = ♩ + ♪

という意味ですから、この長さを分数で表わしますと

$$1+\frac{1}{2}=1\frac{1}{2}$$

ということになります。

また、上の第二の譜はシューベルトのアベ・マリアの楽譜です。このなかには

♩..

という音譜がときどき出てきますが、これは♩を一拍として、その半分と、その半分の半分を加えただけ長く歌いなさいということです。つまり

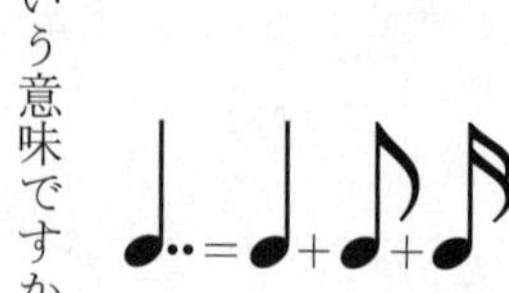

という意味ですから、♩を1として分数で表わしますと

$$1+\frac{1}{2}+\frac{1}{4}=1\frac{3}{4}$$

ということになります。

このように、音譜の横につける点のことを音楽の先生はよく

Punkt　プンクト

といいますが、これは、音楽の先生がたのなかには、古典音楽の最も盛んなドイツへ留学された方が多いものですから、点のことをドイツ語でプンクト、プンクトといわれるのでしょう。

## 点という字

わたくしたちはこの点を表わすのに、点という字を使っているわけですが、これは実は略字で、昔は

點

と書きました。つまり黒という字の横に占という字を書いたのですが、なぜ占という字の横に黒という字があるかといえば、昔は筆に墨をつけてポツンと点を書き、その点が黒かったからだという説があります。ところが、下の、テン、テン、テン、テンが、時がたつにつれて横に移動して

點

となりました。ところが、これではめんどうくさいというので、ついには里の字を取ってしまって

点

となったのだといわれています。

## 英語の点、ポイント

英語では点のことを

point　ポイント

ということはみなさんもよくご存じでしょうが、このポイントという言葉は、いろいろな意味をもっているようです。まずポイントは、先端という意味をもっています。たとえば

the point of a sword

といえば、剣の先端、つまり剣先のことです。また、突端、つまりみさきを指すのにも使います。たとえばアメリカのカリフォルニア州に

Point Conception

とよばれるみさきがあります。句読点ももちろんポイントです。また空間の一地点もポイントです。たとえば

a point of departure

は出発点です。また時間的な瞬間もポイントです。

a turning point

は人生の転換期のことです。

要点、論点などというときの点もポイントです。たとえば

That is just the point.

といえば、そこが要点だ、という意味です。長所、短所などというときにもポイントという字を使います。

strong point　　weak point
（長所）　　（短所）

競技の得点ももちろんポイントです。拳闘（けんとう）（ボクシング）で

beat on points

といえば、得点、つまり判定で勝つという意味です。拳闘ではあごのこともポイントといいます。

また活字の大きさを示すのにポイントという言葉を使います。次ページの図はいろいろの大きさの活字を示したものです。また、鉄道では転てつ器のことをポイントと

活字　34ポイント
活字　31ポイント
活字　26ポイント
活字　22ポイント
活字　18ポイント

いいます。

さらに、俗語では、ポイントといえば、停車場、停留所を意味していることもあります。

最初に、ポイントといえば先端を意味すると申し上げましたが、ポインテッドといえば、それは先のとがったという意味になります。最近はやっている先のとがった靴は、ポインテッド・シューズというわけです。

さらに、編針のことをポイントといい、手編みレースのことをポイント・レースといいます。

フランス語では、ただ

point　ポアン

といえば、レースのことです。たとえば

point de France

つまりフランスのレースといえば図のようなレースのことです。そのほか

point d'Angletérre
（イギリスのレース）
point de marines
（水夫のレース）
などという言葉もあります。

## 数学で使う点

さて、この点が、数学ではどう使われているでしょうか。まず

3.14

などというときの、小数点に使われています。

また、$\frac{1}{3}$を小数に直しますと

$$\frac{1}{3}=0.3333\cdots\cdots$$

と3ばかりがくり返し現われてきますが、このことを表わすのに

$$0.\dot{3}$$

と書きますが、ここにも点が使われています。さらに

$$\dot{x}$$

という具合に、文字の上へ点を打つことがありますが、これは、時間$t$での微分

$$\frac{dx}{dt}$$

を表わしています。これは、微分学の発見者ニュートンの使った記号ですが、いまでも使われているわけです。

## 幾何学の点

さて、最後は幾何学における点です。

「点とは何ぞや」という質問に答えようとして、昔から多くの数学者が大へんな苦心をはらっております。いまその苦心のあとをふり返ってみましょう。

まず、ピタゴラスの定理で有名なピタゴラスは

「点とは、それ以上は分割できないものであって、位置をもつものである」

といっています。

また、わたくしたちの習う幾何学、ユークリッド幾何学をはじめたユークリッドは

「点とは、部分のないものである」

といっています。

さらに、プラトンは、分割できない点が集まって分割できる直線ができるのは矛盾であるといって

「点とは線のはじまりである」

といいました。

ところが、ギリシャの哲学者アリストテレスは

「点とは線の端である」

といいました。

これらはみんな、点という言葉の意味、つまり点の定義をのべようとしているものです。

実際わたくしたちが、数学に限らず、何かを話題にしようと思うときには、そこに出てくる言葉の意味を、みんなによくわかるようにきめておかなければ、話がへんになったり、通じなくなったりしてしまいます。

たとえば、わたくしたちが、正三角形について話をしようと思っているとしてみましょう。そのとき、正三角形という言葉の意味を

「正三角形とは、三つの辺の長さがすべて等しい三角形のことである」

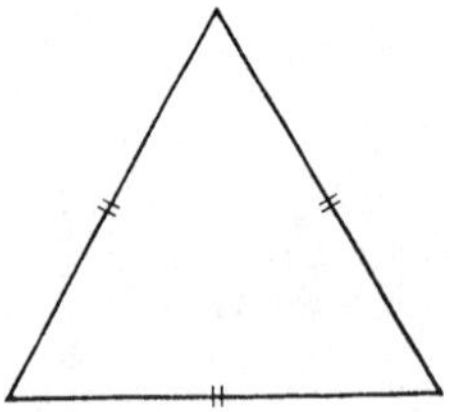

といったとすれば、これが正三角形の定義であるわけです。

このように、何か話をしようと思うときには、そこに出てくる言葉の意味、つまりそこに出てくる言葉の定義をはっきりのべておくのが正しい態度といえます。

しかし、ある言葉を定義するためには、また他の言葉を使わなければなりません。たとえば、前の正三角形の定義のなかには三角形とかその辺とかいう言葉が出てきます。ですから、こ

んどは、その言葉、つまり三角形とは何か、その辺とは何か、という定義をしておかなければなりません。

　そこで「三角形とは、一直線上にない三点の、二つずつを結ぶ三つの線分でできた図である」といったとしてみましょう。

　そうしますと、この三角形という言葉を定義するのに、線分、点、直線などという言葉を使っているのに気がつきます。そこで、また線分の定義をしなければなりません。というわけで、「線分とは、一直線上の相異なる二点にはさまれた間の部分である」といったとしましょう。

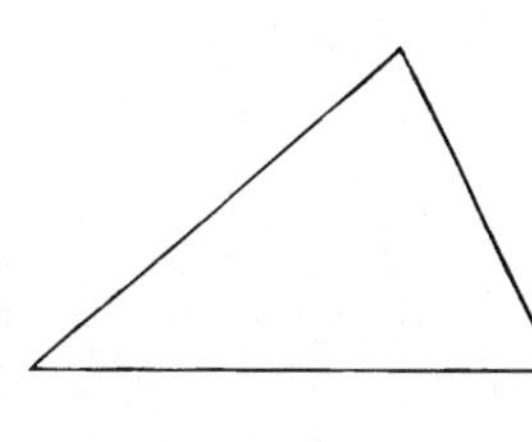

　こうして、幾何学で使う言葉の定義をするのに、そこに使う言葉の定義をし、またそこに使う言葉の定義をし……ということを続けていきますと、最後には

　　点　　直線　　平面

というような言葉が残ってしまいます。そして、それらをさらに定義しようとしても、それは不可能になってしまいます。なぜなら、ある言葉を定

義するためには、また他の言葉がいるわけですから、これを続けるのは循環論法になってしまうからです。こうして残った

点　直線　平面

などの言葉に対しては、わたくしたちはそれらを定義することはやめて、これらを定義のない言葉として、それらをもとにして他のすべてのものを定義していくという態度をとることにします。したがって

点　直線

を無定義元素とよびます。

みなさんのなかには、なるほどそうかも知れないが、点や直線に定義がなかったならば、点とはどんなものか、直線とはどんなものかということがわからなくなってしまって、困りはしないか、といわれる方があるかも知れません。しかし実際にはその心配はいらないのです。まあもう少し我慢してつぎの話をきいてください。

いままでお話してきた言葉の問題と同じ問題が、数学で推理をすすめていくときにも起こります。

数学では、ある事柄の成り立つ理由を示すことを、その事柄を証明するといいます

が、言葉の定義をするのに他の言葉が必要になるのと全く同じように、ある事柄を証明するのには、その根拠になる他の事柄が必要になってきます。そうしますと、ある事柄を証明するのに使った他の事柄の証明が必要になってきます。

言葉の定義のときと同じように、事柄の証明のほうをつぎつぎと追いつめていきますと、こんどは、これはもう最初から成り立っていると考えなければならない、いくつかの事柄にぶつかってしまいます。

このように、これはもう最初から成り立っているとわたくしたちが考え、それらをもとにして他のすべての事柄の成り立つことを証明しよう、というくつかの事柄がえらび出せるわけです。これをわたくしたちは公理とよびます。

前のお話に出てきたユークリッドは、まず数学全般の公理としてつぎの五つをあげています。

1　同じ物に相等しいものは、また互いに相等しい。
2　相等しいものに相等しいものを加えると、結果もまた相等しい。
3　相等しいものから相等しいものを減ずれば、結果もまた相等しい。
4　互いに重なり合うものは、相等しい。

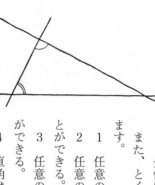

5　全体はその部分より大きい。

また、とくに幾何学で必要な公理としてつぎの五つをあげています。

1　任意の一点と他の一点とを結ぶ直線を引くことができる。

2　任意の線分は、これをその両方へいかほどでも延長することができる。

3　任意の点を中心として、任意の長さの半径の円を書くことができる。

4　直角はすべて相等しい。

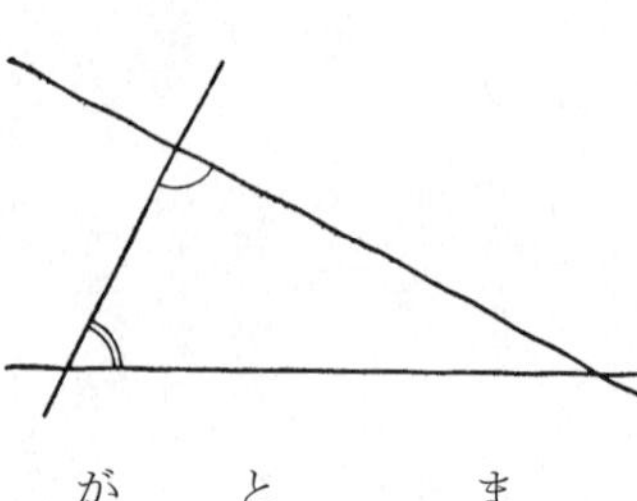

5　二直線が一直線に交わっているとき、もしその同じ側にある内角を加えたものが二直角より小であったならば、この二直線は、これらをその側へ延長すれば、必ず交わる。

さてみなさんは、点、直線などという定義のない言葉が、これらの公理のなかに出てくることにお気づきでしょう。ですから、点や直線に定義はありませんが、しかし点や直線は、公理でのべられた性質はもっていなければならないことになります。したがって、公理というものは点とよばれ、直線とよばれる物の性格を規定するものであるともいうことができます。

したがって、点や直線は、みなさんがよく知っておられる点や直線であってももちろん結構ですが、もしそうでなくても、これらの公理をみたすものでさえあれば、それでもよいということになります。

さて、ここにあげたユークリッドの公理は、長い間完全無欠なものと思われておりました。十九世紀になって、数学者が数学の成り立ちをよく反省するようになり、長い間完全無欠と思われてきたユークリッドの公理も実は不完全なものであることがわかってきました。

したがって、十九世紀の後半から今世紀にかけてこの欠点を直して、正しい公理を作ろうという試みが多くの数学者によってなされましたが、そのうちで最も有名なのは、ドイツの数学者ヒルベルト（一八六二—一九四三）の「幾何学の基礎」（一八九九）です。

ヒルベルトは、点、直線、平面の三つを無定義元素として、その公理をつぎの五つに分けました。

Ⅰ　結合の公理
Ⅱ　順序の公理
Ⅲ　合同の公理
Ⅳ　平行の公理
Ⅴ　連続の公理

みなさんのご参考までに、このうちⅠの結合の公理をくわしくあげてみましょう。

(1)　A、Bが二点ならば、A、Bを通るような直線$a$が存在する。

(2)　A、Bが相異なる二点ならば、A、Bを通る直線$a$はただ一つしかない。

(3)　一つの直線上には少なくとも三つの相異なる点がある。少なくとも三つの、一直線上にはない点が存在する。

(4)　A、B、Cが三つの、一直線上にはない点ならば、A、B、Cを通るような平面$\alpha$が存在する。

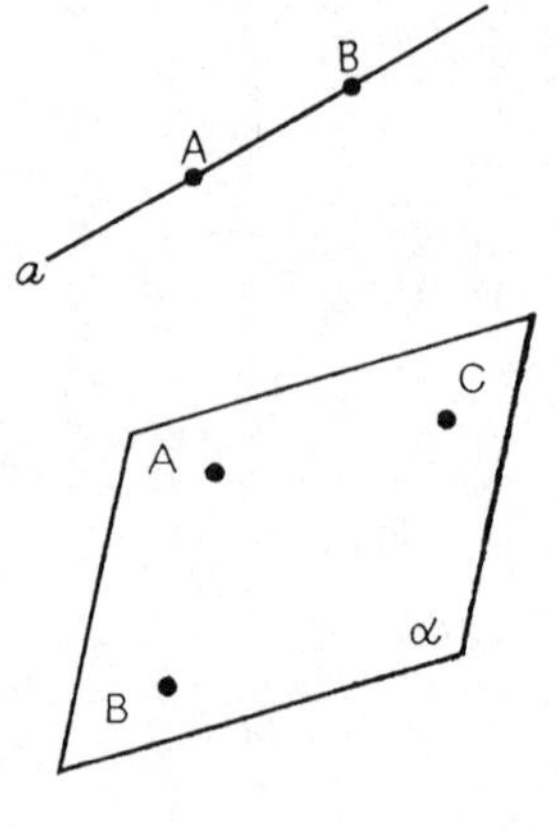

(5)　A、B、Cが三つの、一直線上にはない点ならば、A、B、Cを通る平面$\alpha$はただ一つしかない。

(6)　直線$a$の上の二つの相異なる点A、Bが平面$\alpha$の上にあるならば、$a$の上の任意の点はみんな$\alpha$の上にある。

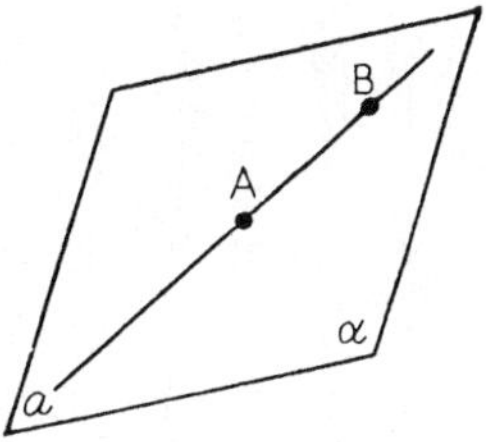

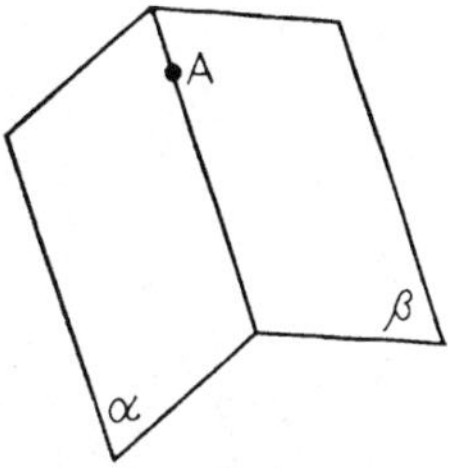

(7)　点Aが二つの平面$\alpha$、$\beta$のどちらの上にもあるならば、$\alpha$、$\beta$の両方の上にある点がAのほかに少なくとも一つある。

(8)　少なくとも四つの、一つの平面上にはない点が存在する。

## ヒルベルト

さて、二十世紀前半の最大の数学者といわれるドイツの数学者ヒルベルト先生の名前が出てきましたから、ここで先生の逸話を一つ申し上げてみましょう。

ヒルベルト先生は、ご自身の服装については、とても無頓着な方でした。

先生が毎週の講義に着てこられる洋服のズボンには、ひざのところに相当大きなかぎ裂きがありました。生徒はみんなそれに気がついていましたが、あんまり偉い先生なので、

「先生ズボンが破れています。」

などと教室でいっては悪いと思って、みんなだまっていました。

ところがヒルベルト先生が、大学からの帰り道で、あぶなく自動車にはねられそうになったときのことでした。そばにいた学生が、

「先生あぶない！」

といって先生の手をひっぱりましたので、ヒルベルト先生は危く命びろいをしました。しかし自動車は、先生のズボンのところをちょっとかすってしまいました。

ここで先生の手をひっぱった学生は、先生のズボンが破れていることを先生に教えてあげる、これは絶好のチャンスだと思いましたので、

「先生、いまの自動車が先生のズボンをひっかけたとみえて、先生のズボンが破れましたね。」

といいました。いわれてヒルベルト先生はご自身のズボンに目をやって、そのかぎ裂きをごらんになったのですが、

「いやいや、これはもとから破れているんだよ。」

と返事をされたということです。

さて、このヒルベルト先生は、一八六二年にケーニッヒスベルグに生まれ、ケーニッヒスベルグの大学を卒業し、そこで学位を得、さらに一八九二年には、このケーニッヒスベルグ大学の教授になられました。

そして一八九五年にはゲッチンゲン大学の教授となり、そこで一生研究生活を送られた方です。

ヒルベルト先生の研究された事柄は、不変式論、幾何学基礎論、代数的整数論、ポテンシャル論、ディリクレの原理、変分法、積分方程式論、ヒルベルト空間論など、かぞえきれないくらいですが、先生については、もう一つ有名な話があります。

いまでも、世界中の数学者たちは、四年に一度集まって国際数学者会議というのを開いて、お互いの研究を話しあい、お互いの研究の方針を検討しあっています。

その第二回目の国際数学者会議が、一九〇〇年にパリで開かれたときのことでした。

ヒルベルト先生は、二十世紀の数学の目標を示すために、二十三の未解決の問題をのべて、それらの研究を数学者にすすめたのでした。これらの問題は、現在ヒルベルトの問題とよばれています。

これらの問題は、現在（編集部注——一九六二年当時）、まだ五つほどしか解けていませんが、その第九番目の問題、類体論の予想というのを解いたのは、文化勲章をもらわれた日本の数学者、高木貞治先生でした。そしてそれは、いまから四十年も前の一九二一年のことでした。

また、その第五番目の問題は、一九五二年にアメリカの数学者、グリーソン、モンゴメリー、ジッピンなどによって解決されましたが、その解決には、日本の数学者、山辺英彦、岩沢健吉、後藤守邦などの協力も非常に力のあったことは、よく知られています。

# あとがき

この書物は、昭和三十六年の十月から三十七年の三月までの半年間、私がNHK教育テレビで、毎週土曜日に「くらしの数学」と題して放送しました材料を、物語風に書き直して一冊にまとめたものです。数学を材料にしたテレビ放送には、まだまだ研究の余地があるでしょうが、私は今後の発達に対して何かのお役に立てばという積りから、非才をも省みず、お引き受けして努力してみたわけです。

しかしこれは、私一人の力でできたものではありません。熱心なディレクターの甲本仁志氏、ベテランのライター金井敬三氏、誠実で巧みなアナウンサー川上裕之氏、いつも注文よりももっとぴったりした音楽を入れて下さった永井一郎氏、それに、数学のむつかしいセリフを一度も間違えなかったタレントの、八木光生、山内雅人、篠田節夫、鈴木清子、田中紀久子などのみなさんの御協力でこの番組はでき上がっていたものです。

本書が出版されるに当って、これらのみなさんに心からの敬意を表したいと思います。

矢野健太郎

# 解説

森田真生

数学は、一見すると、暮しとかけ離れた営みに思える。何しろ数学は、厳密な証明と正確な計算の上に成り立つ学問である。そこに、純粋で、曖昧さのない理論が構築されていく。

だが、日常の暮しはこれよりはるかに猥雑である。何かを厳密に、正確に把握できることなど稀だ。思いもしない不都合や雑音にまみれながら、なんとかやりくりしていくことになる。厳密に正確な「解」を得るのではなく、さしあたり使える方法を、試行錯誤しながらひねり出していくのが精一杯である。

良くも悪くも、暮しには「摩擦」がある。そこには、現実という「重し」がいつもある。これに比べて、数学はあまりに理想化された対象を相手にするから、現実から浮遊している印象を人に与える。実際、すらすらと計算する優等生の姿は、現実の摩擦や重しとはまるで無縁のように見える。逆に、順調に計算が進まないことや、理解が捗らないことを以て、数学が「苦手」あるいは「嫌い」と決めてしまう人も少なからずいる。

だが本来、摩擦に煩わされることなく、順調に作動することだけが、数学ではないのだ。学校で学ぶ数学はあまりに清潔に整った姿で提供されるが、本来はどんな基本的な数学の概念や技法も、摩擦と雑音にまみれた知的格闘の産物である。暮しの生々しさに比べて、数学が純粋で清潔だというのは、出来上がった数学だけ見たときに生じる錯覚に過ぎない。

思うようにならない摩擦があるからこそ味わいがある。この点において、「数学」も「暮し」も本来は同じだ。「暮しの数学」という視点に立つことによって、著者は平易で身近な語り口のまま、あらためてこのことを読者に気づかせてくれる。

この本は、ツルツルでピカピカの完成した理論をまとめた数学の教科書とはまったく異質だ。どの章も数学について語っていながら、ザラザラとした生々しい手触りがある。でありながら同時に、数学に固有の緻密で正確な思考へと読者をしっかり導いてくれる。これまで数学とは縁遠かった読者も、本書のどこかに、きっと新鮮な感動の種を見つけ出すことができるに違いない。

たとえば掛け算についての章がある。ここで、フランスやロシア、イタリアやイギリスといった、様々な地で実践されていたバラエティに富む計算の手法が紹介されている。指を使って九九を計算するフランスの百姓の工夫や、計算を効率化するためのベニスの商人たちの方法は、現代の洗練された筆算を身につけた読者にとっては、もはや役に立つことはないだろう。だが、これらを著者の導きであらためて味わってみると、どの方法にもそれぞれ固有の「わかった」瞬間の喜びがあることに気づく。そうして、かつて掛け算が当たり前でなかった時代の人たちの苦心をあらためて身近に感じることができる。

数学においては「直観」と「規則」が、いつも背中合わせの関係にある。直観的に何かを「わかる」ことと、規則に従って記号を正しく「操る」こととは、常にたがいを支え合う関係にある。計算の意味を「わかる」ことができて初めて、筆算の規則を編み出すことができる。だが、ひとたび筆算の手続きを身につけてしまえば、極端な話、たとえ意味を忘れてしまったとしても、正しく数を「操る」ことはできる。かくして、「わかる」と「操る」は互いを支えながら、原理的には切り離すことができるのである。

この洞察が、たとえば計算機（コンピュータ）の成立を支える。実際、計算機に「わかる」ための意識や心はないが、それでも様々なデータを規則に従い、正確に「操る」ことができる。直観を孕む人間の知能に、どこまで規則の側から迫っていけるかは「人工知能」研究にとって重要な問題である。

直観と規則は数学を前に進める両輪である。だが、数学の勉強は、ともすると規則の方ばかりに傾きがちになる。規則に服従することで初めて開ける意味の世界があるから、規則の習得が重要なのは言うまでもないが、あまりに「操る」ことばかりに偏ってしまえば、数学もつまらない営みになる。

たとえば本書に鶴亀算の例が出てくる。これは数学的には単に、連立方程式の問題として片付けてしまうことができる。このとき、鶴亀算の問題としての個性はなくなる。残るのはただ、規則通りに記号を操れるかどうかだけである。

だが、著者が本書で提示する鶴亀算の「解法」を味わってみてほしい。特に、著者が提示する第二の解法に、僕はわかる瞬間の爽やかな喜びを感じた。しかも、解法そのものに、そこはかとないユーモアがある。足を引っ込み損ねた亀の姿は、想像するだけで可笑しい。連立方程式の純粋で清潔な世界に還元してしまっては見えなくなってしまう「わかる」ことの生々しい感動を伴う風景である。

『暮しの数学』のなかに、ことさら難解な数学は出てこない。だが、与えられた規則に服従するだけでなく、自分で規則を見つけ出していくことにこそ数学の醍醐味があるとするなら、この本はこの醍醐味を、読者にしっかり味わわせてくれる。

数学は目に見えない世界を扱う。数学者が研究する数や空間は、手で摑んだり、耳で聞いたりすることはできないのである。数学は、五感によっては触れられない世界の学問である。

だが、そんな数学への入り口が、暮しの様々な場面に遍在している。目に見える暮しの至るところに、目に見えない世界への入り口がある。

仮にいつか自分も、『暮しの数学』という本を書くとしたなら、どんなことを書くだろうか。僕は本書を読みながら、いつしかそんな妄想をしていたのである。

読んでいるうちに、自分でも何かを書き始めたくなる。聞いているうちに、自分でも何かを話したくなる。いい本、愉快な対話というのは、いつもそういうものなのである。

（もりた・まさお／独立研究者）

『暮しの数学』一九六二年七月、日本放送出版協会刊

本文中、今日の人権意識に照らして不適切な語句や表現が見受けられるが、著者が故人であること、執筆当時の時代背景と作品の文化的価値に鑑みて、そのままの表現とした。

また、明らかな誤植は訂正し、一部、編集部注を加えた。（編集部）

中公文庫

暮(くら)しの数学(すうがく)

2020年4月25日　初版発行
2021年8月30日　再版発行

著　者　矢野健太郎(やのけんたろう)

発行者　松田陽三

発行所　中央公論新社
〒100-8152　東京都千代田区大手町1-7-1
電話　販売 03-5299-1730　編集 03-5299-1890
URL http://www.chuko.co.jp/

DTP　ハンズ・ミケ
印　刷　三晃印刷
製　本　小泉製本


Published by CHUOKORON-SHINSHA, INC.
Printed in Japan　ISBN978-4-12-206877-3 C1195

## 中公文庫既刊より

各書目の下段の数字はISBNコードです。978－4－12が省略してあります。

も-32-1
### 数学受験術指南
一生を通じて役に立つ勉強法
森　毅
人間は誰だって、「分からない」に直面している。「分からない」とどう付き合って、これをどう味方にするか。受験数学を超えて人生を指南する一書。
205689-3

さ-48-1
### プチ哲学
佐藤雅彦
ちょっとだけ深く考えてみる――それがプチ哲学。書き下ろし「プチ哲学的日々」を加えた決定版。考えることは楽しいと思える、題名も形も小さな一冊。
204344-2

さ-48-2
### 毎月新聞
佐藤雅彦
毎日新聞紙上で月に一度掲載された日本一小さな全国紙、その名も「毎月新聞」。その月々に感じたことを独特のまなざしと分析で記した、佐藤雅彦的世の中考察。
205196-6

の-18-1
### まるさんかく論理学
数学的センスをみがく
野崎昭弘
「珍しい数」ってなに？　どうして鏡は上下逆さまにならないの？　日常の謎やパズルの先に広がる豊かな〝論理〟の世界へいざなう、数学的思考を養える一冊。
207081-3

た-77-1
### シュレディンガーの哲学する猫
竹内　薫
竹内さなみ
サルトル、ウィトゲンシュタイン、ハイデガー、小林秀雄――古今東西の哲人たちの核心を紹介。時空を旅する猫とでかける「究極の知」への冒険ファンタジー。
205076-1

み-39-1
### 哲学ノート
三木　清
伝統とは？　知性とは？　天才とは何者か？　指導者はどうあるべきか？　戦時下、ヒューマニズムを追求した孤高の哲学者の叫びが甦る。〈解説〉長山靖生
205309-0

し-52-1
### 日本語びいき
清水由美　文
ヨシタケシンスケ　絵
知っているはずの言い回しも、日本語教師の視点で見るとこんなにおもしろい！　ヨシタケシンスケさんの、クスッと笑える絵とともに、日本語を再発見する旅へ。
206624-3

た-20-2
脳死
立花隆
人が死ぬというのはどういうことなのか。人が生きているとはどういうことなのか。驚くべき事実を明らかにして生命倫理の最先端の問題の核心を衝く。
201561-6

た-20-10
宇宙からの帰還 新版
立花隆
宇宙体験が内面にもたらす変化とは。宇宙飛行士十二人に取材した、知的興奮と感動を呼ぶ壮大な精神のドラマ。〈巻末対談〉野口聡一〈巻末エッセイ〉毛利衛
206919-0

の-4-4
星三百六十五夜 春
野尻抱影
浮き立つような春の夜空に輝く幾千の星。そこに展開する幾多の心模様……。九十一年間、星を愛しつづけた詩人から星を愛する人達への贈り物。春篇。
204172-1

の-4-5
星三百六十五夜 夏
野尻抱影
夏の夜に怪しく光る赤いアンタレス。そして銀河を巡る幾多の伝説。九十一年間、星を愛しつづけた詩人から星を愛する人達への贈り物。夏篇。
204213-1

の-4-6
星三百六十五夜 秋
野尻抱影
夜空の星に心込めて近づくとき、星はその人の人生の苦楽を共にしてくれる。九十一年の生涯を星を愛しつづけた詩人の、星を愛する人たちへの贈り物。秋篇。
204076-2

の-4-7
星三百六十五夜 冬
野尻抱影
しんと冷えた冬の夜空に輝き渡る満天の星。澄み渡った夜空の美しさ……。九十一年の生涯を星を愛しつづけた詩人から星を愛する人達への贈り物。冬篇。
204127-1

の-4-11
新星座巡礼
野尻抱影
日本の夜空を周る約五十の星座を、月をおって巡礼する、著者の代表的天文エッセイ。大正十四年に刊行された処女作をもとに全面的に改稿した作品。
204128-8

の-4-12
星戀
野尻抱影
山口誓子
山口誓子の句に導かれ、天体民俗学者・野尻抱影が紡いだ星の随筆。星を愛する二人の思いが天空で交差する、珠玉の随想句集。
206434-8

各書目の下段の数字はISBNコードです。978－4－12が省略してあります。

の-4-13
日本の星　星の方言集
野尻抱影
星の文人・野尻抱影がライフワークとして収集した星の和名七百種の集大成。四季の夜空をいろどる珠玉の星名を紡ぐ。〈巻末エッセイ〉松岡正剛〈解説〉石田五郎
206672-4

い-107-1
天文台日記
石田五郎
岡山天体物理学観測所の副台長であった著者による天文台日記。星に憑かれた天文学者たちの天文台での観測生活が、その息遣いとともに感じ取れる一冊。
204318-3

い-107-2
星の文人 野尻抱影伝
石田五郎
ハマッ子の洒脱、江戸趣味人の博識、心霊学への肩入れ、末弟・大佛次郎に見せる長兄の厳しさ……。「二世天文屋」による決定版評伝。〈解説〉渡部潤一
206689-2

や-60-1
宇宙飛行士になる勉強法
山崎直子
未来の宇宙飛行士に伝えたい94の「学び」のエッセンス。幼少時代の家庭教育、受験勉強、英語の習得法まで。『宇宙兄弟』小山宙哉氏との特別対談も収録。
206139-2

た-95-1
すごい宇宙講義
多田将
空前絶後のわかりやすさ、贅言不要のおもしろさ！ブラックホール、ビッグバン、暗黒物質……異色の物理学者が宇宙の謎に迫る伝説の名著。補章を付す。
206976-3

た-95-2
すごい実験
多田将
空前絶後のわかりやすさ、驚天動地のおもしろさ！地球最大の装置で、ニュートリノを捕まえる⁉文庫化に際し補章「我々はなぜ存在しているのか」を付す。
207005-9

い-22-2
問いつめられたパパとママの本
伊丹十三
どちらかといえば文学的なあなたのために。空ハナゼ青イノ？　赤チャンハドコカラクルノ？　科学的な物の考え方を身につけ、好奇心を伸ばすことのできる本。
205527-8

と-12-3
日本語の論理
外山滋比古
非論理的といわれている日本語の構造を、多くの素材を駆使して例証し、欧米の言語と比較しながら、日本人と日本人のものの考え方、文化像に説き及ぶ。
201469-5

と-12-8
**ことばの教養**
外山滋比古
日本人にとっても複雑になった日本語。時代や社会、人間関係によって変化する、話し・書き・聞き・読む言語生活を通してことばと暮しを考える好エッセイ。
205064-8

と-12-10
**少年記**
外山滋比古
五銭で買った「レントゲン」、父からの候文の手紙、教練でとった通信簿の「でんしんぼう」、恩師と食べたまんじゅうの涙――思い出すままに綴った少年記。
205466-0

と-12-11
**自分の頭で考える**
外山滋比古
過去の前例が通用しない時代、知識偏重はむしろマイナス。必要なのは、強くてしなやかな本物の思考力です。人生が豊かになるヒントが詰まったエッセイ。
205758-6

の-12-3
**心と他者**
野矢茂樹
他者がいなければ心はない。哲学の最難関「心」にどのように挑むか。文庫化にあたり大森荘蔵が遺した書き込みとメモを収録した。挑戦的で挑発的な書。
205725-8

の-12-4
**ここにないもの** 新哲学対話
野矢茂樹 文
植田真 絵
いろんなことを考えてはお喋りしあっているエプシロンとミュー。二人の会話に哲学の原風景が見える。川上弘美「『ここにないもの』に寄せて」を冠した決定版。
205943-6

は-58-1
**暮しの眼鏡**
花森安治
ミイハアを笑うものは、ミイハアに泣かされる。衣食住、風俗など、身近なできごとからユーモアとエスプリたっぷりに「世の中にもの申す」。〈解説〉松浦弥太郎
204977-2

い-83-1
**考える人** 口伝(オラクル)西洋哲学史
池田晶子
学術用語によらない日本語で、永遠に発生状態にある哲学の姿をそこなうことなく語ろうとする、〈哲学の巫女〉による大胆な試み。〈解説〉斎藤慶典
203164-7

ま-34-3
**花鳥風月の科学**
松岡正剛
花鳥風月に代表される日本文化の重要な十のキーワードをとりあげ、歴史・文学・科学などさまざまな角度から日本的なるものを抉出。〈解説〉いとうせいこう
204382-4

各書目の下段の数字はISBNコードです。978-4-12が省略してあります。

ま-34-4
**ルナティックス　月を遊学する**
松岡正剛
月的なるものをめぐり古今東西の神話・伝説・文学・芸術を縦横にたどる「月の百科全書」。月への憧れを結晶化させた美しい連続エッセイ。〈解説〉鎌田東二
204559-0

よ-52-1
**錬金術　仙術と科学の間**
吉田光邦
奇想天外なエピソードを交えつつ、東西の錬金術の歴史を跡付け、そこに見出される魔術的思考と近代科学精神の萌芽を検証する。先駆的名著の文庫化。〈解説〉坂出祥伸
205980-1

い-104-1
**近代科学の源流**
伊東俊太郎
四～一四世紀のギリシア・ラテン・アラビア科学を統一的視野で捉え、近代科学の素性を解明。科学史の忘れられた一千年の空隙を埋める名著。〈解説〉金子　務
204916-1

お-10-8
**日本語で一番大事なもの**
大野　晋
丸谷才一
国語学者と小説家の双璧が文学史上の名作を俎上に載せ、それぞれの専門から徹底的に語り尽くす知的興奮に満ちた対談集。〈解説〉大岡信／金田一秀穂
206334-1

ま-17-9
**文章読本**
丸谷才一
当代の最適任者が多彩な名文を実例に引きながら文章の本質を明かし、作文のコツを具体的に説く。最も正統的で実際的な文章読本。〈解説〉大野　晋
202466-3

ま-17-11
**二十世紀を読む**
丸谷才一
山崎正和
昭和史と日蓮主義から『ライフ』の女性写真家まで、皇女から匪賊まで、人類史上全く例外的な百年を、大知識人二人が語り合う。〈解説〉鹿島　茂
203552-2

ま-17-12
**日本史を読む**
丸谷才一
山崎正和
37冊の本を起点に、古代から近代までの流れを語り合う。想像力を駆使して大胆な仮説をたてる、談論風発、実に面白い刺戟的な日本および日本人論。
203771-7

ま-17-13
**食通知つたかぶり**
丸谷才一
美味を訪ねて東奔西走、和漢洋の食を通して博識が舌上に転がすは香気充庖の文明批評。序文に夷齋學人・石川淳、巻末に著者がかつての健啖ぶりを回想。
205284-0

ま-17-14
文学ときどき酒　丸谷才一対談集　丸谷才一
吉田健一、石川淳、里見弴、円地文子、大岡信ら一流の作家・評論家たちと丸谷才一が杯を片手に語り合う。最上の話し言葉に酔う文学の宴。〈解説〉菅野昭正
205500-1

う-9-4
御馳走帖　内田百閒（ひゃっけん）
朝はミルク、昼はもり蕎麦、夜は山海の珍味に舌鼓をうつ百閒先生の、窮乏時代から知友との会食まで食味の楽しみを綴った名随筆。〈解説〉平山三郎
202693-3

う-9-5
ノラや　内田百閒
ある日行方知れずになった野良猫の子ノラと居つきながらも病死したクルツ。二匹の愛猫にまつわる愛情と機知とに満ちた連作14篇。〈解説〉平山三郎
202784-8

う-9-6
一病息災　内田百閒
持病の発作に恐々としつつも医者の目を盗み麦酒をがぶがぶ……。ご存知百閒先生が、己の病、身体、健康について飄々と綴った随筆を集成したアンソロジー。
204220-9

う-9-7
東京焼盡（しょうじん）　内田百閒
空襲に明け暮れる太平洋戦争末期の日々を、文学の目と現実の目をないまぜつつ綴る日録。詩精神あふれる稀有の東京空襲体験記。
204340-4

う-9-10
阿呆の鳥飼　内田百閒
鶯の鳴き方が悪いと気に病み、漱石山房に文鳥を連れて行く……。『ノラや』の著者が小動物たちとの暮らしを綴る掌篇集。〈解説〉角田光代
206258-0

う-9-11
大貧帳　内田百閒
お金はなくても腹の底はいつも福福である——質屋、借金、原稿料……飄然としたなかに笑いが滲みでる。百鬼園先生独特の諧謔に彩られた貧乏美学エッセイ。
206469-0

う-9-12
百鬼園戦後日記Ⅰ　内田百閒
『東京焼盡』の翌日、昭和二十年八月二十二日から二十一年十二月三十一日までを収録。掘立て小屋の暮しを飄然と綴る。〈巻末エッセイ〉谷中安規（全三巻）
206677-9

各書目の下段の数字はISBNコードです。978－4－12が省略してあります。

う-9-13
**百鬼園戦後日記Ⅱ** 内田百閒
念願の新居完成。焼き出されて以来、三年にわたる小屋暮しは終わる。昭和二十二年一月一日から二十三年五月三十一日までを収録。〈巻末エッセイ〉高原四郎
206691-5

う-9-14
**百鬼園戦後日記Ⅲ** 内田百閒
自宅へ客を招き九晩かけて還暦を祝う。昭和二十三年六月一日から二十四年十二月三十一日まで。索引付。〈巻末エッセイ〉平山三郎・中村武志〈解説〉佐伯泰英
206704-2

た-15-5
**日日雑記** 武田百合子
天性の無垢な芸術者が、身辺の出来事や日日の想いを、時には繊細な感性で、時には大胆な発想で、心の赴くままに綴ったエッセイ集。〈解説〉巖谷國士
202796-1

た-15-9
**新版 犬が星見た** ロシア旅行 武田百合子
夫・武田泰淳とその友人、竹内好との旅を、天真爛漫な目で綴った旅行記。読売文学賞受賞作。竹内好の随筆「交友四十年」を収録した新版。〈解説〉阿部公彦
206651-9

た-15-10
**富士日記（上）** 新版 武田百合子
夫・武田泰淳と過ごした富士山麓での十三年間を克明に描いた日記文学の白眉。昭和三十九年七月から四十一年九月分を収録。〈巻末エッセイ〉大岡昇平
206737-0

た-15-11
**富士日記（中）** 新版 武田百合子
愛犬の死、湖上花火、大岡昇平夫妻との交流。昭和四十一年十月から四十四年六月の日記を収録する。田村俊子賞受賞作。〈巻末エッセイ〉しまおまほ
206746-2

た-15-12
**富士日記（下）** 新版 武田百合子
季節のうつろい、そして夫の病。山荘でともに過ごした最後の日々を綴る。昭和四十四年七月から五十一年九月までを収めた最終巻。〈巻末エッセイ〉武田　花
206754-7

つ-3-20
**春の戴冠1** 辻　邦生
メディチ家の恩顧のもと、花の盛りを迎えたフィオレンツァの春を生きたボッティチェルリの生涯——壮大にして流麗な歴史絵巻、待望の文庫化！
205016-7

つ-3-21
春の戴冠2
辻 邦生
悲劇的ゆえに美しいメディチ家のジュリアーノと美しきシモネッタの禁じられた恋。ボッティチェルリは彼らを題材に神話のシーンを描くのだった――。
204994-9

つ-3-22
春の戴冠3
辻 邦生
メディチ家の経済的破綻が始まり、フィオレンツァの春は、爛熟の様相を呈してきた――永遠の美を求めるボッティチェルリと彼を見つめる「私」は。
205043-3

つ-3-23
春の戴冠4
辻 邦生
美しいシモネッタの死に続く復活祭襲撃事件……。ボッティチェルリの生涯とルネサンスの春を描いた長篇歴史ロマン堂々完結。〈解説〉小佐野重利
205063-1

つ-3-25
背教者ユリアヌス（一）
辻 邦生
血で血を洗う政争のさなかにありながら、ギリシア古典を学び、友を得て、生きることの喜びを見いだしていくユリアヌス――壮大な歴史ロマン、開幕！
206498-0

つ-3-26
背教者ユリアヌス（二）
辻 邦生
学友たちとの平穏な日々を過ごすユリアヌスだったが、兄ガルスの謀反の疑いにより、宮廷に召喚される。皇后との出会いが彼の運命を大きく変えて……。
206523-9

つ-3-27
背教者ユリアヌス（三）
辻 邦生
皇妹を妃とし、副帝としてガリア統治を任ぜられたユリアヌス。未熟ながら真摯な彼の姿は兵士たちの心を打ち、ゲルマン人の侵攻を退けるが……。
206541-3

つ-3-28
背教者ユリアヌス（四）
辻 邦生
輝かしい戦績を上げ、ついに皇帝に即位したユリアヌス。政治改革を進め、ペルシア軍討伐のため自ら遠征に出るが……。歴史小説の金字塔、堂々完結！
206562-8

つ-3-30
完全版 若き日と文学と
辻 邦生
北 杜夫
青春の日の出会いから敬愛する作家、自作まで。親友の二人が闊達に語り合う。ロングセラーを増補、全対談を網羅した完全版。〈巻末エッセイ〉辻佐保子
206752-3

各書目の下段の数字はISBNコードです。978-4-12が省略してあります。

く-25-1
**酒味酒菜**　草野心平
海と山の酒菜に、野バラのサンドウィッチ……。詩作のかたわら居酒屋を開き、酒の肴を調理してきた著者による、野性味あふれる食随筆。〈解説〉高山なおみ
206480-5

む-29-1
**麦酒（ビール）伝来　森鷗外とドイツビール**　村上満
外国人居留地の英国産から留学エリートたちのもたらしたドイツびいき一色に塗り替えられる。長くビールの生産・開発に専従した著者が語る日本ビール受容史。
206479-9

よ-5-8
**汽車旅の酒**　吉田健一
旅をこよなく愛する文士が美酒と美食を求めて、金沢へ、そして各地へ。ユーモアに満ち、ダンディズムが光る汽車旅エッセイを初集成。〈解説〉長谷川郁夫
206080-7

よ-5-10
**舌鼓ところどころ／私の食物誌**　吉田健一
グルマン吉田健一の名を広く知らしめた「舌鼓ところどころ」、全国各地の旨いものを紹介する「私の食物誌」。著者の二大食味随筆を一冊にした待望の決定版。
206409-6

よ-5-11
**酒談義**　吉田健一
少しばかり飲むというの程つまらないことはない——。飲み方から各種酒の味、思い出の酒場まで、ユーモラスに綴る究極の酒エッセイ集。文庫オリジナル。
206397-6

よ-17-9
**酒中日記**　吉行淳之介編
吉行淳之介、北杜夫、開高健、安岡章太郎、瀬戸内晴美、遠藤周作、阿川弘之、結城昌治、近藤啓太郎、生島治郎、水上勉他——作家の酒席をのぞき見る。
204507-1

よ-17-10
**また酒中日記**　吉行淳之介編
銀座や赤坂、六本木で飲む仲間との語らい酒、先輩たちと飲む昔を懐かしむ酒——文人たちの酒にまつわる出来事や思いを綴った酒気漂う珠玉のエッセイ集。
204600-9

よ-17-12
**贋食物誌（にせしょくもつし）**　吉行淳之介
たべものを話の枕にして、豊富な人生経験を自在に語る、洒脱なエッセイ集。本文と絶妙なコントラストを描く山藤章二のイラスト一〇一点を併録する。
205405-9

う-30-1
**「酒」と作家たち**　浦西和彦 編
『酒』誌に掲載された川端康成ら作家との酒縁を綴った三十八本の名エッセイを収録。酌み交わし、飲み明かした昭和の作家たちの素顔。〈解説〉浦西和彦
205645-9

う-30-2
**私の酒 『酒』と作家たちⅡ**　浦西和彦 編
『酒』誌に寄せられた、作家による酒にまつわるエッセイ四十九本を収録。酒の上での失敗や酒友と過ごした時間、そして別れを綴る。〈解説〉浦西和彦
206316-7

う-30-3
**文士の食卓**　浦西和彦 編
甘いものに目がなかった漱石、いちどきにうどん八杯を平らげた「食欲の鬼」子規。共に食卓を囲んだ家族、友人、弟子たちが綴る文豪たちの食の風景。
206538-3

な-52-4
**文豪と酒 酒をめぐる珠玉の作品集**　長山靖生 編
漱石、鷗外、荷風、安吾、太宰、谷崎ら16人の作家と白秋、中也、朔太郎ら9人の詩人の作品を厳選。酒に託された憧憬や哀愁がときめく魅惑のアンソロジー。
206575-8

き-47-1
**キムラ食堂のメニュー**　木村衣有子（ゆうこ）
各地の飲食店主や職人の取材を続けるかたわら、お酒のミニコミを発行してきた著者。さまざまな食べもの・飲みものとの出合いを綴る、おいしいエッセイ。
206472-0

い-116-1
**食べごしらえ おままごと**　石牟礼道子
父がつくったぶえんずし、獅子舞にさしだした鯛の身。土地に根ざした食と四季について、記憶を自在に行き来しながら多彩なことばでつづる。〈解説〉池澤夏樹
205699-2

む-27-2
**食道楽**　村井弦斎　村井米子 編訳
和洋中、四季折々、多種多様の料理をレシピと共に味わうグルメ小説の元祖。明治期空前のベストセラーを読みやすくコンパクトな現代語抄訳で初めて文庫化。
206641-0

こ-30-1
**奇食珍食**　小泉武夫
蚊の目玉のスープ、カミキリムシの幼虫、ヒルのソーセージ、昆虫も爬虫類・両生類も紙も灰も食べつくす、世界各地の珍奇でしかも理にかなった食の生態。
202088-7

各書目の下段の数字はISBNコードです。978-4-12が省略してあります。

こ-30-3
酒肴奇譚（しゅこうきたん）　語部醸児之酒肴譚（かたりべじょうじのしゅこうたん）
小泉武夫
酒の申し子「諸白醸児」を名乗る醸造学の第一人者で、東京農大の痛快教授が〝語部〟となって繰りひろげる酒にまつわる正真正銘の、とっておき珍談奇談。
202968-2

こ-30-5
灰と日本人
小泉武夫
発火、料理、消毒、肥料、発酵、製紙、染料、陶芸等、道具や材料だった必需品について食生活、社会、風俗、宗教、芸術に分け入り科学と神秘性を解き明かす。
206708-0

さ-61-1
わたしの献立日記
沢村貞子
女優業がどんなに忙しいときも台所に立ちつづけた著者が、日々の食卓の参考にとつけはじめた献立日記。工夫と知恵、こだわりにあふれた料理用虎の巻。〈解説〉平松洋子
205690-9

し-31-6
食味歳時記
獅子文六
ひと月ごとに旬の美味を取り上げ、その魅力を一年分綴る表題作ほか、ユーモアとエスプリを効かせた食談を収める、食いしん坊作家の名篇。〈解説〉遠藤哲夫
206248-1

し-31-7
私の食べ歩き
獅子文六
日本で、そしてフランス滞在で磨きをかけた食の感性と、美味への探求心。「食の神髄は惣菜にあり」との境地を綴る食味随筆の傑作。〈解説〉高崎俊夫
206288-7

た-22-2
料理歳時記
辰巳浜子
いまや、まったく忘れられようとしている昔ながらの食べ物の知恵、お総菜のコツを四季折々約四百種の材料をあげながら述べた「おふくろの味」大全。
204093-9

マ-10-1
疫病と世界史（上）
W・H・マクニール
佐々木昭夫訳
疫病は世界の文明の興亡にどのような影響を与えてきたのか。紀元前五〇〇年から紀元一二〇〇年まで、人類の歴史を大きく動かした感染症の流行を見る。
204954-3

マ-10-2
疫病と世界史（下）
W・H・マクニール
佐々木昭夫訳
これまで歴史家が着目してこなかった「疫病」に焦点をあて、独自の史観で古代から現代までの歴史を見直す好著。紀元一二〇〇年以降の疫病と世界史。
204955-0